柑橘提质增效生产丛书

TUSHUO SHATANGJU
YOUZHI GAOXIAO ZAIPEI JISHU

图说沙糖橘

优质高效栽培技术

区善汉　张社南　欧善生　莫健生 / 编著

中国农业出版社

内容提要

　　本书由国家柑橘产业技术体系广西创新团队栽培功能岗位专家、广西特色作物研究院区善汉研究员等编著。书中针对沙糖橘产业发展存在的盲目、疯狂、黄龙病蔓延、主要风险等问题，从提高产量、品质与效益的角度，以图说的形式，全面介绍了沙糖橘栽培概况、开花结果习性、园地规划与种植、幼树管理、结果树管理、避雨避寒栽培技术、主要病虫害防治等知识与技术。该书图片丰富清晰，语言通俗易懂，技术实用性和可操作性强。适合广大柑橘产业技术人员、种植者、农业院校园艺专业师生等阅读参考。

前 言

　　沙糖橘又名十月橘、冰糖橘，原产广东省四会，是我国近十几年来发展最快的宽皮柑橘品种之一，主产广东、广西，福建、江西、四川等省有分布。

　　近20年来，由于价格高、效益显著，广西柑橘产业特别是沙糖橘产业发展迅猛。据统计，2016年广西柑橘种植面积555.65万亩*，产量578.22万吨，其中沙糖橘种植面积超过211万亩，产量超过185万吨。沙糖橘已成为广大果农及众多投资者争相发展的最佳投资产业之一，但沙糖橘产业存在的问题也较多，如建园质量参差不齐、苗木选择不科学、大小年现象经常出现、病虫害防控不到位、果农栽培技术水平有待进一步提高等，应引起有关政府部门、科研人员及广大果农的重视，并予以解决，其中当务之急是提高从业者的技术与管理水平。

　　虽然广西是沙糖橘的老产区和主产区之一，但全区各地果农的沙糖橘栽培管理水平不一，仍存在不少问题。一是苗木与砧木选择不合理，良莠不齐的苗木在市场上可以随意流通和销

---

　　*　亩为非法定计量单位，1亩 ≈ 667米^2。——编者注

售，导致柑橘黄龙病传播、蔓延，严重影响着沙糖橘产业的健康发展；二是果园缺乏规划，选址不科学，配套设施不完善，片面追求规模，导致管理、技术、资金不到位，甚至导致因暴雨后排水不畅，树被淹死或果园被洪水冲垮的惨痛损失，严重影响果园寿命、产量与效益；三是缺乏科学施肥、修剪技术，因施肥不当引起的烧根、修剪不当导致的秋梢质量差和树冠荫蔽等现象时有发生；四是花果管理技术不过关，造成大小年结果；五是病虫害防控不及时不彻底，果实外观质量受到影响；六是面积、产量增长过快，总面积与总产量过大，导致销售期过于集中，造成销售价格波动大甚至出现果难卖等情况。

为了进一步普及、提高沙糖橘高效栽培技术，有针对性地解决上述的问题，提高产业效益，确保沙糖橘产业的可持续发展，我们根据科研成果及生产实践编写了《图说沙糖橘优质高效栽培技术》。由于我国各沙糖橘产区气候、土壤条件各异，而气候、土壤对沙糖橘生长发育影响很大，所以沙糖橘栽培技术必须因地制宜，灵活应用。

在本书的编写过程中，参考了诸多同行的文献资料，同时得到有关单位领导和同事的大力支持，在此表示衷心的感谢。

由于笔者水平有限，书中难免存在不足和错误，敬请广大读者提出宝贵意见，以便今后修改和完善。

编著者

2017年11月

目 录

图说沙糖橘优质高效栽培技术

第一章
沙糖橘栽培概况

　　沙糖橘（图1-1）又名十月橘、冰糖橘，是芸香科柑橘属宽皮柑橘类的一个品种。原产广东省四会，是我国近二十年来发展最快的宽皮柑橘品种之一，主产广西、广东，福建、江西、四川、湖南等地有分布。近十多年来，由于价格高、效益显著，沙糖橘发展势头迅猛，掀起了种植沙糖橘的热潮。

图1-1　沙糖橘结果状

一、主产地、栽培面积与产量

据不完全统计，目前，广东省沙糖橘产地主要在四会、广宁、怀集、郁南、高要、德庆、封开、清远、清新、云浮和佛山等市（县），栽培面积约50万亩。广西沙糖橘主产地在梧州市的岑溪、苍梧、藤县和蒙山县，桂林市的阳朔、荔浦、永福、临桂、灵川、平乐、全州等县，百色市的西林县、靖西市，贺州市的富川、昭平和钟山县，河池市的宜州市、环江县，玉林市的博白、陆川等县，贵港市的平南县等市（县）。据不完全统计，2016年广西沙糖橘种植面积已超过210万亩、产量超过185万吨，而且还在迅速增长。广西沙糖橘主产区种植的面积和产量见表1-1。

表1-1 2016年广西沙糖橘主产地种植面积与产量分布情况

产 地	面积（万亩）	产量（万吨）
梧州市	46.00	43.00
桂林市	89.02	92.27
贺州市	12.00	8.00
百色市	20.00	10.00
柳州市	约20.00	约15.00
玉林市	9.67	6.46
钦州市	约3.00	约5.00
河池市	12.20	6.07
合计	211.89	185.80

二、价格走势

2007—2016年，沙糖橘面积呈快速增长，产量也随之大幅度

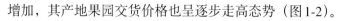

增加，其产地果园交货价格也呈逐步走高态势（图1-2）。

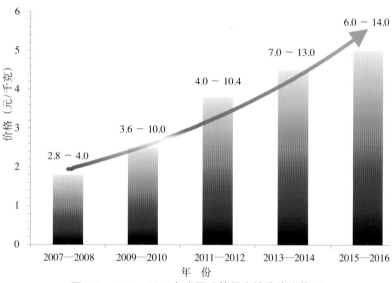

图1-2　2007—2016年广西沙糖橘产地价格走势图

三、存在的问题

　　目前，沙糖橘生产发展迅猛，以广西桂林市为例，据不完全统计，2007年全市沙糖橘种植面积仅2.5万亩，产量1.98万吨，到2015年种植面积增至67.2万亩，产量增至72.02万吨，8年时间面积增长了25.88倍，产量增长了35.37倍。2016—2017年继续快速增长，2017年种植面积、产量已达106.87万亩、122.65万吨。由于发展势头过猛，广西沙糖橘产业存在不少问题。主要问题有：

　　（1）不顾条件，盲目发展　沙糖橘产量高、品质优、效益好。因此，2012年以来，沙糖橘产业发展迅猛，在给广大种植户带来了财富的同时，也给沙糖橘产业的健康发展埋下了安全隐患：一是不顾环境条件，盲目发展。一些农户在周边还没有消除柑橘黄龙病菌源的情况下，就急于种植，结果2～3年后新种的树逐渐感染柑橘黄龙病（图1-3）。二是在没有无病苗木的情况下，随意购买来源不明的苗木种植。部分农户种植心切，以为早种早收益，随意在市场上购买来源不明的接穗、砧木或在没有保护设施环境中培育的苗木（图1-4），

图1-3　幼龄果园黄龙病高发

图1-4　没有保障的露天苗圃

导致柑橘黄龙病、衰退病等病害的早发、频发甚至高发。三是不顾耕地条件盲目种植。果园地下水位过高、排水不畅，又不采用高畦种植，结果出现积水烂根导致叶片黄化、落叶落果、树势衰弱甚至死树，或产量低效益差。四是盲目高接换种。一些农户原来种的是椪柑、春甜橘、温州蜜柑或其他品种，看到沙糖橘效益好，就不管原来种的树是否带病、是否适合高接沙糖橘，而盲目换接沙糖橘，结果发生黄龙病或嫁接口愈合不良导致黄化或果实品质受影响，严重者出现青枯（图1-5）等不良后果。五是缺乏技术，管理不到位。部分投资商、农户原来没有种植过柑橘，又缺乏技术指导或培训，不掌握栽培技术，因品种、苗木、建园、施肥、修剪、保果、病虫防治等方面技术不过关或种植面积过大，导致品种不纯、苗木带病、树势差、管理不到位、产量低、品质差、效益不理想或亏本的后果（图1-6）。

图1-5 随意高接导致沙糖橘出现青枯症状

图1-6　因缺乏技术，果园缺铁普遍严重，修剪不到位，产量低品质差

　　(2) 无病苗木供不应求，苗木质量良莠不齐　柑橘黄龙病是一种检疫性、毁灭性病害，一旦发病，柑橘树就会逐渐因病而衰退直至死亡。防控措施及时、得力的产区，柑橘黄龙病发病率低，传播蔓延较慢，种植柑橘的效益较好。但是，在柑橘黄龙病防控不力的产区，由于苗木市场混乱，各种良莠不齐的苗木在市场上随意流通，以及防控措施落实不到位，最后造成柑橘黄龙病、衰退病等病害随意传播、蔓延，严重影响着沙糖橘产业的健康发展（图1-7）。

　　(3) 柑橘黄龙病蔓延　由于苗木市场的混乱、监管的不力及柑橘黄龙病传播的快速，防控上做不到联防联治。近十年来，主产沙糖橘的广东、广西等地已普遍发生柑橘黄龙病，各柑橘产区已很难找到没有发生柑橘黄龙病的净土，特别是广东四会，广西梧州、百色西林及桂林部分产区等地的一些沙糖橘老果园，黄龙病高发，局部果园发病株率高达50%～60%，成片的果园已因柑橘黄龙病为害而毁灭（图1-8）。

图1-7　随意购买苗木种植导致黄龙病早发高发

图1-8　苗木带病导致七年生树黄龙病高发，全园被毁

（4）品种单一，成熟期过于集中　目前，主栽的沙糖橘品种只有一个。因品种单一，同一产地成熟上市期集中，在出现大范围持续异常冰冻天气造成道路不畅、无法外运的情况下，鲜果的集中上市容易造成价格下降甚至无法及时销售最后烂市的局面。虽然从2007年开始，广西桂林市、来宾市金秀县、梧州市蒙山县、贵港市平南县等地的沙糖橘已逐步采用避雨避寒栽培技术，延长了沙糖橘的采收上市期，从一定程度上缓解了其他产区沙糖橘的销售压力，但品种的单一、种植面积及总产量的快速增长，在出现大范围持续冰冻天气或经济环境恶化、消费市场萎缩的情况下，沙糖橘销售不畅或价格大幅度波动的不利局面或许难以避免。

（5）劳动力日益紧缺，劳力成本已大幅上涨　随着农村劳动力的转移、老化及产业规模的不断扩大，从事农业的劳动力基本上以中老年人为主，年轻人留在农村的越来越少，劳动力日趋紧缺。所以，一方面劳动者年龄老化，效率降低，另一方面，劳动力价格逐步上涨，农忙季节经常出现难以雇请的情况。这在一定程度上影响了部分大规模果园的田间管理，如施肥、喷药、修剪和采果等季节性强的工作。

（6）产业存在的主要风险　一是出现全国大范围长时间的冰冻天气，导致交通运输受阻，鲜果难以外运；二是面积与产量增长过快，总产量过大，而农户又集中采收上市；三是柑橘黄龙病联防联控不力，出现黄龙病的暴发；四是果实品质下降，出现裂果、果小、霜冻果、菠萝果，影响果实品质与贮运；五是经济下行，消费者购买力下降，消费量和价格明显下降。

四、对策

（1）因地制宜发展沙糖橘产业　虽然近十多年来，沙糖橘价格呈现上涨态势，但并不是所有地方都是种植沙糖橘的理想之地,如冬季气温过低的区域或积水不容易排出(图1-9,图1-10)或容易被洪水冲毁的危险地带(图1-11),就不适宜建园种植。

(2)合理规划,科学发展沙糖橘产业 一是科学建园,选择在没有柑橘黄龙病菌源、地下水位低、排水良好、交通方便、水源充足等适宜沙糖橘生长发育的环境建园;二是选择在适宜种植沙糖橘的土壤、气候条件下种植;三是种植无病苗木;四是注重学习,不断提高科学管护的技术水平。

图1-9 近30小时的淹水致果枯叶落

图1-10 低洼果园因长时间无法排水而导致死树

图1-11　洪水冲垮成片沙糖橘园

（3）种植无病苗木　由于苗木市场无病苗木与非无病苗木共存，除表现出症状的病苗外，仅从苗木外观很难鉴别其是否带有柑橘黄龙病，因此，为了避免因引种新品种、苗木和接穗而传播病害，必须禁止从不明病情的产地购进新品种、接穗和苗木。

新建果园或补种一定要种植无病苗木（图1-12）。只有这样，才能保证沙糖橘正常生长结果，延长经济寿命，获得预期的收益。

图1-12　培育种植无病苗木

如果种植来源不明或带病的苗木，就极有可能出现种植二三年后即发生柑橘黄龙病的严重后果。

（4）**联防联治柑橘黄龙病**　由于体制、经营模式等方面的原因，我国的柑橘产业大都是由千家万户的小规模果园构成的，在柑橘黄龙病的防治上，长期存在分散、不统一、不联合防治的问题，防治效果不理想。要切实防控好柑橘黄龙病，除了加强技术培训与技术指导，让果农都能深刻认识到黄龙病的危害性，能识别柑橘木虱、柑橘黄龙病的各种症状，提高防控的技术水平以外，各柑橘产区必须以村委会或自然村屯或大型果场为单位，通过制定严格的制度或村规民约对各个农户进行约束，做到统一种植无病苗木、统一普查病树、统一喷药防治柑橘木虱、统一砍除黄龙病树，联防联治柑橘黄龙病，确保防控效果。

（5）**逐步实现果园小型机械化与水肥一体化**　为了应对劳动力老化及成本高企的挑战，同时考虑到沙糖橘果园多数以山地果园为主的实际情况，面积超过20亩的果园，宜配备小型多功能包括松土、开沟、除草、施肥、喷药、灌溉等的农机具（图1-13），同时安装水肥甚至水肥药一体化设施，以节省劳力、肥料、农药和水，降低劳动强度，提高生产效率。

图1-13　适合果园使用的小型开沟、除草机械

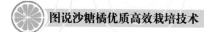

(6) 增强质量意识，降低价格预期，适时采摘上市　随着面积与产量的不断增长及消费要求的提高，沙糖橘消费市场将逐步由数量型向质量型转变，消费者对果品质量的要求会越来越高。因此，种植者应该在提高产量的同时，坚持施用优质有机肥，及时防控病虫害，想方设法提高果实外观内质。同时，注重了解掌握市场环境、趋势变化情况，及时掌握产量、品质、天气、价格、经济环境等方面的信息，并据此预判消费市场形势，制定合理的销售策略，合理确定价格预期，只要有合理的利润就要及时采摘上市，避免错过最佳销售时机。

第二章
沙糖橘开花结果习性

一、植株与花果主要性状

沙糖橘树势强壮，树冠自然圆头形或自然开心形。主干光滑、皮黄褐色至深褐色。枝较小而密集。叶片卵圆形，先端渐尖，叶缘锯齿明显，叶色深绿，叶面光滑，油胞明显，翼叶较小，叶片大小一般为8.0厘米×3.0厘米，不同梢期叶片大小差别较大（图2-1）。花白色（图2-2），花径2.5～3.0厘米，花瓣5个，花丝分离，12枚，花柱高1.7厘米左右，雌雄同时成熟。果实扁圆形，果顶平而微凹，果蒂部平圆稍凹，果皮油胞圆稍凸，皮橙黄色或橘红色，果皮薄而稍脆，容易剥离（图2-3）。囊瓣7～10片，半圆形，大小一致，中心柱大，中空。囊衣薄。汁胞

图2-1　沙糖橘秋梢叶片

图2-2　沙糖橘的完全花

图2-3　沙糖橘果实外观

呈不规则多角形，橙黄色。果肉细嫩化渣，汁多味浓甜，品质佳，贮藏性稍差。单果重30～80克。每100毫升果汁含糖11～13克、酸0.35～0.50克、维生素C 24.0～28.0毫克，可溶性固形物含量10.5%～15.0%。种子0～10粒。单一品种连片种植，果实少核或无核，若与其他有核柑橘品种混栽，果实种子较多。成熟期11月下旬至12月下旬或翌年1月上旬。该品种早结丰产性好，三年生树株产3.0～7.5千克，高产果园亩产可高达1 500～2 000千克，一般5～6年树龄即进入丰产期，亩产可达2 000～5 000千克。

二、结果母枝

结果母枝是萌发结果枝的一年生或一年生以上的老熟枝条。沙糖橘枝梢生长旺盛，成枝力强。按生长季节分为春梢（图2-4）、早夏梢、晚夏梢、秋梢和冬梢。在桂北，春梢2月中旬萌发，5月中下旬老熟，春梢量大，自剪较慢，生产上常采用短剪结果母枝的方法除去过多的春梢和花蕾，一般春梢从萌发到老熟，历期50～70天，遇春季雨水多光照少的年份，梢期更长。5月中旬早夏梢萌发，6月下旬萌发晚夏梢，夏季雨水多且气温适宜，夏梢长

图2-4　沙糖橘幼年树春梢萌发量大

而粗壮，一般长20～35厘米，叶片大且转绿、自剪快，萌发到老熟历期40～50天，如果肥水充足接着又会萌发晚夏梢。在生产上，如果不及时处理，往往会造成大量落果。秋梢在立秋前后萌发，长15～30厘米，从萌发到老熟，需50～55天。老熟的春梢、夏梢、秋梢均可作为翌年的结果母枝，青壮年树以秋梢为主要结果母枝（图2-5），春梢（图2-6）、夏梢结果母枝（图2-7）

图2-5　秋梢结果母枝

图2-6　春梢结果母枝

图2-7　夏梢结果母枝

图2-8　有叶结果枝

较少，中老年树则春、夏、秋梢均可成为结果母枝。

三、结果枝

　　结果枝是当年春季萌发、着生在结果母枝上的可开花、结果的春梢。沙糖橘的结果枝分有叶结果枝与无叶结果枝。有叶结果枝（图2-8）先长出若干叶片再现蕾，无叶结果枝（图2-9）直接现蕾。

图2-9　无叶结果枝

四、开花、结果习性

沙糖橘雌雄同花、同熟，自花结果。因种子少或无籽，幼果产生的内源生长激素不足，在第一、二次生理落果时自然落果较为严重，需要通过叶面喷施植物生长调节剂如九二〇等来补充。在广西桂林正常气候条件下，从现蕾期至开花期间没有落蕾、落花现象。开花期在4月上旬，第一次生理落果（图2-10）始于4月下旬，历时40天左右，第一次生理落果的前期时间短，时间为7天，落果数量少，中期为落果高峰期，时间约为10天，落果量大，后期落果时间长，约为25天，落果数量中等，在不采取保花保果措施的自然生长状态下，第一次生理落果占总果量的60％～70％。第二次生理落果（图2-11）出

图2-10　第一次生理落果

图2-11　第二次生理落果

现在5月中旬，至7月中旬初结束，历时55天左右，落果占总果量的22%～28%。第二次生理落果结束时的坐果率为6%～7%。第一次生理落果末期与第二次生理落果前期约有10天重叠。

同样的柑橘品种，生长在不同的地方，其产量、果实品质、经济效益完全不同，有些地方非常适宜，有些地方不适宜其生长结果。因此，如何根据沙糖橘的生长结果习性、对环境条件的要求，选择最适宜或较适宜的地方种植，是沙糖橘能否种植成功、取得较好经济效益的关键因素之一。在正常情况下，沙糖橘种植后的经济寿命为15～20年，而且种植后第三年才能正常投产，结果前后的每一年，都要投入大量的肥料、农药和人工进行管理，因此，园地规划是种植者必须首先考虑的问题。

一、园地要求

园地要求主要包括园地所在地的气候、地形地势、土壤、灌溉水、交通条件等方面。

1.气候条件

在广西，绝大部分县区都可以种植沙糖橘，但不同产地的成熟期和果实品质存在差异。根据《广西柑橘产业发展规划（2006—2015）》，在广西，年平均温度16.4～22.5℃，≥10℃的年有效积温5 300～8 100℃，1月平均气温8.2～9.9℃，绝对最低温度≥-5℃的地方均可种植沙糖橘（表3-1）。但从生产实践来看，虽然广西绝大部分地方都可种植沙糖橘，但是，不同产地的沙糖橘，因气候条件的不同，导致了物候期的极大差异，在梧州，沙糖橘春梢1月中旬开始萌芽，11月中下旬果实着色成熟，而在桂林市，春梢往往推迟至2月中旬才萌芽，果实12月下旬至翌年1月上旬才充分着色成熟，而此时桂林的温差比梧州大，所以，同样成熟的果实，在梧州其果皮呈橙黄色，而在桂林呈橙红色，显得更鲜艳。同时，由于梧州的有效积温比桂林高，所以，果实风味总体上是梧州比桂林的浓。显然，纬度的不同，导致了气温、积温等条件的不同，最终导致物候期和果实品质的差异，因此，在选择在何处发展沙糖橘时，必须充分考虑到各地气候条件的差异。

表3-1 广西柑橘不同生态区域温度指标

（单位：℃）

种类	生态区域	年平均气温	≥10℃年积温	1月平均气温	极端低温历年平均值
宽皮柑橘	最适宜区	17～20	5 300～6 400	6.7～10.0	-5.0～-0.2
	适宜区	16.4～21.8	5 000～7 600	6.6～13.3	-5.0～-0.4
	次适宜区	21.5～22.5	7 500～8 100	12.7～14.8	-4.9～-2.3

2.地形地势

山坡地、平地、水田均可种植，但若冬季计划树冠盖薄膜避雨避寒的话，最好还是选择坡度20°以下、南向的缓坡地或平地种植为宜，这样可以减轻盖膜的难度。如果选择在坡度20°以上的山地、丘陵建园，则建园时应修筑水平梯地（图3-1），以利于水土保持，以及施肥、灌溉、喷药、修剪、果实采收等农事活动。

3.土壤条件

宜选择在土壤质地良好、无太多石块的红壤、黄壤、沙壤土、冲积土或水稻土种植，最好土壤疏松肥沃、有机质含量1.5%以上、排水良好、地下水位1.0米以下、土层深厚、活土层1米以上、pH5.5～6.5。

图3-1　山地修筑等高梯地种植

4.水源条件

如果在旱地种植，果园宜建在河流、水库、山塘等干旱季节可以抽水灌溉的水源附近，或建在地下水丰富的地方，以利于打井或抽水灌溉，以免出现长期干旱时因无足够水可灌而导致果小、裂果（图3-2），造成不必要的损失；在水田建园，要注意选择旱季能灌溉、雨季能排水的水田种植，切忌在积水无法排出的低洼地建园，否则，会因积水导致根系腐烂、枝叶枯黄甚至整株树死亡（图3-3，图3-4，图3-5）；同时，注意不能将果园建在洪水容易泛滥的河道边上，避免洪水冲垮果园（图3-6），导致重大损失。

5.交通条件

果园附近应具备较好的交通条件，特别是规模较大的果园，宜选择在交通方便，最好在公路、河道附近或有机耕路直达或方

图3-2　沙糖橘因水分失调严重裂果

图3-3　低洼无法排水处不宜建园

图3-4　低洼积水导致烂根叶枯

图3-5　排水不畅导致植株死亡

图3-6　河道转弯处建园风险大

便修路的园地建园，以方便肥料、农药、果品等的运输。

二、园地规划

为方便果园的管理，园地必须提前做好规划（图3-7）。根据果园的地形地势、规模、种植密度等条件，将果园合理划分成若干小区，修筑道路、排灌、蓄水、喷药设施和附属建筑物（图3-8），设计防风林带或围园屏障。防风林应选择与柑橘无共生性病虫害的速生树种。

1. 小区规划

每个小区规模以20～30亩为宜。小区面积太大，不利于管理人员进出，也不方便物资的搬运；面积太小，小区道路占用土地过多，造成土地的浪费。

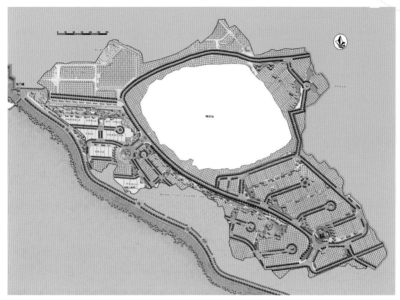

图3-7　果园规划

图3-8　规模果园的实际规划

2.道路规划

大果园一定要事前规划好园外园内的道路，通往果园的道路为主干道，路面宽3～4米，路面宜用石料或混凝土硬化，园区内的道路根据小区大小规划。每个小区均要规划修建能通行拖拉机或小型农用汽车的道路，路面宽2～3米，小区内每10亩左右规划一条人行便道，路面宽1.0米左右，用于人员通行、各种物资和果品的搬运。

3.水利设施

为方便灌溉、施肥和喷药，果园内要规划一定数量的水池、药池。一般来说，10～15亩的面积修建一个水池，水池容积40～50米^3，用于贮水、沤制水肥用；药池修建2个，紧挨水池，每个药池容积准确定容至1米^3，方便喷药时稀释药液（图3-9）。随着劳动力的日益紧缺、水肥一体化技术的兴起和成熟，目前能用作水肥一体化施用的水溶性肥料种类愈来愈多，且效果好。因

图3-9　果园内的水池与药池

此，大果园务必同时规划滴灌或喷灌系统，实现灌溉、施肥和喷药的一体化，提高效率，降低成本。

4.附属建筑物

果园附属建筑物是在规模较大如30～50亩及以上的果园规划时考虑，主要有工人住的宿舍，存放工具、农药与肥料的库房，以及简易的果实采后商品化处理如清洗、分级、打蜡、包装等场地。若果园附近有果品商品化处理厂，则可以不考虑清洗、分级、打蜡、包装等场地。这些建筑物的结构、面积、建设时间可根据资金等具体情况灵活掌握。

三、苗木质量与种植

1.适宜砧木

适宜沙糖橘的砧木主要有枳壳和酸橘。枳壳砧（图3-10，图3-11）根系发达，须根多，分布较浅，主根不及酸橘砧扎得深。

图3-10　枳壳砧木苗

枳壳砧沙糖橘表现较矮化，树势中庸，开花结果早，在苗期即可开花，前期产量高，适宜种植于水田、平地和缓坡地。

酸橘砧（图3-12，图3-13）须根较少、主根粗而长，扎根深，吸收能力强。酸橘砧沙糖橘长势较旺，抽梢多而壮，保果难度比枳壳砧大。树冠高大，开花期较迟，种植后第三年才开花，前期产量较低，更适宜种植于山坡地、旱地。此外，目前生产上，也有应用枳砧、酸橘砧温州蜜柑或马水橘、脐橙高接沙糖橘成功，实现更新换种。

图3-11 枳壳砧沙糖橘

图3-12 酸橘砧木苗

图3-13　酸橘砧沙糖橘

2.苗木质量

要想沙糖橘早结果、早丰产、早出效益，除了选择适宜的砧木外，苗木的质量至关重要。苗木应选用品种纯正、根系完整、嫁接口愈合正常、叶片颜色浓绿、分枝2～3条或以上、无病虫害、生长健壮的无病苗木。目前生产的苗木分两种，一种是直接生长在土壤里的裸根苗（图3-14），另一种是生长在用塑料或无纺布加工而成的育苗桶、育苗袋等容器里的配方营养土上的容器苗（图3-15，图3-16）。前者，由于挖苗时不能带土，所以，只能在春梢萌发前的冬春季节种植，苗木定植后需要经过一段时间的恢复生长期即缓苗期才能发根，吸收水分和养分，成活率会受到一

图3-14　柑橘裸根苗

图3-15　柑橘营养袋
　　　　容器苗

图3-16　柑橘营养杯
　　　　容器苗

定的影响，其生长速度和生长量比容器苗慢，正常情况下，往往要慢一年左右的时间；后者，不用挖苗，没有伤根，因此，没有缓苗期，苗木可一年四季种植，定植后根系生长与吸收不受任何影响，成活率100%，生长量较裸根苗大得多，可提前一年左右形成树冠、进入结果期。沙糖橘苗木质量标准详见表3-2。

表3-2　沙糖橘苗木质量分级标准

砧木	级别	苗木径粗（厘米）	苗木高度（厘米）	分枝数量（条）
枳壳	1	≥0.9	≥45	3
	2	≥0.8	≥35	2
酸橘	1	≥1.0	≥50	3
	2	≥0.8	≥40	2

3.种植密度

地形、地势和砧木不同，种植密度也不同，总之，山地种植密度较小，平地种植密度较大，枳壳砧种植密度较大，酸橘砧种植密度较小。不管采用什么规格的株行距，沙糖橘都是采用单行种植，行距大于株距。具体株行距及对应的亩栽株数见表3-3。

表3-3　沙糖橘种植株行距与密度

地形	砧木	株距（米）	行距（米）	每亩种植株数
山地	枳壳	3	4	55
	酸橘	3～4	4～5	33～55
缓坡或平地	枳壳	2～2.5	3	88～111
	酸橘	3	4	55
水田	枳壳	2	3	111

具体种植密度取决于地租的高低、砧木、技术水平和投资。

一般而言，地租便宜，可适当稀植，以免后期果园密闭，刚结果5～6年就要间伐或重剪；地租高特别是在水田种植，为了提高前期产量，种植密度较大，每亩种植111株或以上。

4. 种植前的准备

种植前1～2个月，亩种植56株以上的挖壕沟（图3-17），沟宽0.8米、深0.5～0.6米，亩种56株以下的按株行距挖种植坑（图3-18），规格：长0.8米×宽0.8米×深0.6米。按每株施杂草或绿肥25～40千克，腐熟有机肥如鸡粪、牛粪、兔粪、羊粪或堆沤好的蔗泥等20～40千克或生物有机肥

图3-17　开挖壕沟种植

7.5～10千克，酸性土壤株施石灰1.5～2.0千克、15%钙镁磷肥1.5千克（图3-19），杂草或绿肥放于种植沟或种植坑底部，其他有机肥、石灰和磷肥放于坑中上部并与土壤拌匀后将全部土壤回

图3-18　挖种植穴

填形成高出地面10 ~ 15厘米的树盘。

5.种植时期

裸根苗木和容器苗木的种植时期有差异。裸根苗在秋梢老熟后的10月至翌年春梢萌芽前的2月前均可种植。此期间种植，秋梢已老熟，春梢未抽出，气温较低，种植后成活率较高。但在冬季有霜冻或冰冻的地区，宜在春

图3-19 施基肥

梢萌芽前的1月下旬至2月上旬种植，可避免种植过早导致的不良天气对根系尚未恢复生长的幼苗的影响。容器苗木，只要果园有水源且新梢已老熟，一年四季均可种植。有条件的果园，宜种植无病容器苗或容器大苗。容器苗根系发达，长势旺，种植后没有缓苗期，生长快结果早，进入丰产期早。

6.种植方法

（1）裸根苗的种植　种植时，在施好基肥的壕沟或种植坑处，按直径约30厘米、深30 ~ 40厘米的规格，在准备种植苗木的地方挖好种植穴一个，在穴的底部施入三元复合肥约0.1千克、菌渣2 ~ 3千克或生物有机肥1.5 ~ 2千克（图3-20），并与土拌匀后盖上细碎肥土（图3-21）。根据天气及苗木情况，将苗木的根系和枝叶适度修剪后，用黄泥浆浆根，使裸露的根系沾满泥浆，轻轻将苗木放入种植穴（图3-22），舒展根系，扶正（图3-23），边填细土边轻提苗木，使嫁接口露出

图3-20 种植穴内施入菌渣或生物有机肥、复合肥

地面约10厘米，适度踩紧表土后淋足定根水（图3-24），在树周围用土垒成一个直径约1米的树盘（图3-25），树盘覆盖杂草或稻草保湿。

图3-21　种植穴施精肥后盖上细碎肥土

图3-22　将根系裹满黄泥浆后的苗木放入种植穴内

图3-23　将苗木扶正，根系自然舒展

图3-24　淋定根水

（2）**容器苗的种植**　按上述种植裸根苗的做法，将种植穴准备好后，将容器苗搬至种植穴旁边，首先用剪刀将育苗桶或袋剪破，用手轻轻将育苗桶或袋与营养土分开，适当修剪裸露的根系后，将苗木连带营养土轻轻取出放入种植穴内（图3-26），在苗木周围填入疏松肥沃的细土，嫁接口露出地面约10厘米，淋足定根水，在树周围用土垒成一个直径约1米的树盘，树盘覆盖杂草或稻草保湿。

图3-25　定植时围成的树盘

图3-26　容器苗的定植

第四章
沙糖橘幼龄树的管理

幼树，指自种植后至开花结果前的树，幼树只有营养生长没有生殖生长。幼树管理的目的是促使树冠尽快扩大，形成早结丰产树形，及时进入结果状态。为了达到这一目的，幼树的管理应着重抓好以下工作。

一、土壤管理

1. 中耕除草

中耕除草是除掉果园恶性杂草，浅松树盘土壤，保持树盘土壤疏松（图4-1），无恶性杂草与橘树争夺水分、养分。夏秋季节高温多雨，杂草生长快而茂盛，若不及时将树盘内的杂草清除，树盘内的养分就会被杂草消耗，影响树体的营养，同时，雨季容易造成土壤板结，不利于根系生长。所以，在春夏秋季，宜保持树盘内无杂草特别是恶性杂草。每个季度在除草的同时对树盘中耕1次，深度

图4-1　树盘除草松土

10 ～ 15厘米。在树盘以外，只要不是恶性杂草，则可以保留，特别是在秋冬季节，保留树盘外的杂草既可以保湿，又可以保持土壤温度相对稳定，避免土壤温度剧烈波动。

2.深翻改土

沙糖橘属多年生果树，正常情况下其寿命长达20 ～ 30年，种植后固定在一个地方，每年从土壤中吸收大量的营养。虽然每次可从速效肥料中得到补充，但是，只靠施用速效肥料来补充是不够的，因为速效肥料不但没有改良土壤的作用，施用不当还会造成土壤板结，土壤结构恶化，不利于根系的活动。因此，必须每年或每两年进行一次深翻改土。通过挖深沟，施用有机肥料，增加土壤有机质，在补充土壤营养的同时，改良土壤结构，使土壤疏松肥沃，为根系生长创造良好的土壤环境条件。可在每年的6 ～ 7月或10月至翌年2月上旬，在树冠一侧外围滴水线附近，挖长×宽×深为（1 ～ 1.5）米×（0.4 ～ 0.5）米×（0.4 ～ 0.6）米的施肥坑（图4-2），坑内施入鲜绿肥、杂草、修剪下的无检疫性病害的枝叶、农家肥、堆沤蔗泥或土杂肥、饼肥、石灰、钙镁磷肥等（图4-3），肥料与土拌匀回填（图4-4）。挖坑位置逐年轮换。

图4-2 挖坑施肥

3.合理间作

在结果前，树冠较小，株间行间空地较多，为了解决有机肥的来源问题，橘树封行前在株行间间种矮生绿肥，如春季种植花生、黄豆、绿豆、豇豆等，冬季种植萝卜、油菜、茄菜等（图4-5），也可在空地上保留藿香蓟之类的杂草。

图4-4　有机肥与土同时拌匀回填

图4-3　深施有机肥

图4-5　冬季间种油菜

4.果园生草与树盘覆盖

为节省人工、保持水土、增加土壤有机质，提倡果园生草。在树盘内外，除恶性杂草外，其他杂草可以保留（图4-6），特别是在秋冬干旱季节，保留树盘内外的杂草既可以保湿，又可以降温，保持土壤温度相对稳定。杂草过高时，用割草机割掉可以覆盖树盘。但在高温多雨的夏季，杂草生长快，如不能及时除草，则果园杂草丛生，影响果园的正常管理和肥料的利用，但因雨水多及人工成本越来越高，所以人工除草不可行。可以在夏季用杂草、稻草（图4-7）或无纺布、黑色地膜等覆盖树盘，减少或避免杂草，保持土壤疏松。同

图4-6 果园生草

图4-7 树盘覆盖

图4-8 根系裸露时及时培土

时，在干旱的秋季，继续用杂草、稻草等覆盖树盘，覆盖物厚5～8厘米，离树干距离5厘米左右，有利于保湿降温。冬季，对根系外露的树（图4-8），可在树盘培入3～5厘米厚的肥沃土壤，保护根系。

二、肥水管理

1. 施肥原则

土壤施肥以有机肥为主，化肥为辅，以满足树体对各种营养元素的需求。

2. 土壤施肥

土壤施肥常采用浅沟施、深沟施等方法。施追肥时在树冠一侧或两侧滴水线附近挖深20～30厘米的条沟或环形沟，长度视树冠、施肥量而定。位置逐次轮换。

（1）**基肥的施用** 基肥，也叫底肥，是在种植前或改良土壤时施用的肥料。主要供给果树整个生长期所需要的养分，为树体生长发育创造良好的土壤条件，同时改良土壤、培肥地力。作基肥施用的肥料大多是迟效性的肥料。厩肥、堆肥、家畜粪、绿肥等是最常用的基肥。化肥中的钙镁磷肥、磷矿粉等均适宜作基肥施用。

沙糖橘的基肥除了在种植前施用外，还可在果园改良土壤过程中施用，一般在夏季、冬季或早春季节施用，其施用方法有：

①挖坑施。在树冠滴水线附近，挖深40～60厘米、宽50～60厘米、长100～150厘米的长方形坑（图4-9），将基肥与土混合回填入沟内。坑施一般用于幼龄果园和种植密度较小的成年果园。

②挖通沟施。沿行向，在树冠滴水线

图4-9 挖坑施肥

附近开挖与行同长、深40～60厘米、宽50～60厘米的通沟一条（图4-10），沟内施入基肥。通沟施用于种植密度较大的成年果园。

（2）追肥的施用　追肥是指在沙糖橘生长过程中追加的速效性肥料。追肥的作用是供应沙糖橘抽梢、开花、坐果、果实膨大、成熟等不同生长发育时期对养分的及时需要，或者补充基肥量的不足。生产上通常是基肥和追肥结合施用，以基肥为主追肥为辅。追肥的施用方法：

①浅沟施。在树冠滴水线附近，挖深20厘米、宽30厘米、长100～150厘米的条沟或环形沟（图4-11），将追肥施入沟内后盖土。浅沟施适用于干性肥料的施用。

图4-10　开通沟施肥　　　　图4-11　开浅沟施肥

②淋施。在树盘松土的基础上，将发酵后的粪水、沼液、麸水，或冲施肥等速效性液肥直接淋施在土壤上；或开浅沟将液肥淋施到沟内，施后不盖土，可反复多次施用。

图4-12 滴 灌

③滴灌。将水溶性肥料按一定的浓度溶入水池后,通过滴灌系统将水和肥料滴到树盘上(图4-12)。

3.叶面施肥

(1)叶面施肥的作用 叶面施肥是将速效性肥料按使用倍数兑水后均匀喷雾到叶片上,及时补充树体所缺乏的营养。叶面施肥可及时补充树体急需的养分,应用普遍,效果好,特别是在每次新梢转绿老熟期喷施,对新梢转绿老熟具有很好的促进作用。

(2)叶面施肥的种类与浓度 常用的叶面肥料种类及其浓度见表4-1。

表4-1 常用叶面肥料种类、使用浓度及时期

种 类	使用浓度（%）	使用时期	种 类	使用浓度（%）	使用时期
尿素	0.2～0.3	新梢转绿期	硫酸锰	0.1～0.2	新梢转绿期
磷酸二氢钾	0.2～0.3	新梢转绿期	硫酸亚铁	0.2	新梢转绿期
三元复合肥	0.5～1.0	蕾期、新梢转绿期	柠檬酸铁	0.05～0.1	新梢转绿期
硫酸镁	0.1～0.2	新梢转绿期	硼砂	0.1～0.2	蕾期、花期
硫酸锌	0.1～0.2	新梢转绿期	硼酸	0.1～0.2	蕾期、花期
硫酸钾	0.5～1.0	新梢转绿期	沼气液	10～30	新梢转绿期
硫酸铵	0.3	新梢转绿期	人尿	10～30	新梢转绿期

(3)叶面肥的使用时期与方法 叶面肥在一年四季都可以使用,但主要在各次新梢展叶至转绿期间使用。叶面肥既可单一

使用,也可2～3种混合使用。例如,为了促进新梢尽快转绿老熟,既可以单独使用三元复合肥、沼气液或人尿,也可以用尿素＋磷酸二氢钾、尿素＋磷酸二氢钾＋硫酸镁、尿素＋磷酸二氢钾＋硼砂或硼酸,等等。此外,可以直接使用市面上销售的含有多种营养元素的商品叶面肥。

4.水分管理

(1)*灌溉* 用于果园灌溉的水,应确保无污染。在干旱的秋冬季节、现蕾期、果实膨大期,根据天气及叶片缺水情况及时进行灌溉,防止叶片萎蔫、卷叶、落叶。灌溉方式有沟灌、滴灌、喷灌、浇灌等。

①沟灌。沟灌是传统的灌溉方式,是在果园内开浅沟将水引入,或直接通过行间低洼处进行灌溉。这种灌溉方式快速,但需水量大,浪费水,现在很少使用。

②滴灌。滴灌是近十多年来推广应用最多的一种灌溉方式。通过滴灌带或滴灌管将水和肥料输送到根际附近(图4-13),既省水省肥省工,又提高效率,同时又不破坏土壤结构,是投资少见

图4-13 通过滴灌系统施肥浇水

图4-14　固定式喷灌

图4-15　在易积水的果园采用高畦种植

效快的一种灌溉方式。

③喷灌。喷灌可分为固定式喷灌系统（图4-14）、移动式喷灌系统和半固定式喷灌系统。

④浇灌。浇灌也是传统灌溉方式，是通过水管或其他工具将水直接喷淋到土壤或树上，需水量较大，可在短时间内将土壤淋透。可结合淋施水肥如粪水、沼液和麸水进行。

（2）排水　在多雨季节或地下水位高的果园，应及时疏通排灌系统，排除积水，以防积水泡根，导致烂根，诱发流胶病、根腐病和树脂病等，影响树体正常生长。长期积水容易出现烂根、叶片黄化、树势衰弱、产量和果实品质下降甚至大量掉叶、植株死亡的严重后果。因此，在水田、洼地、排水不畅的土地上种植时，可采用高畦种植或开深沟排除积水（图4-15）。

三、树冠管理

幼树树冠管理的任务主要是整形修剪，促发多而优质的新梢，尽快形成树冠，早结果早丰产。

1.适宜的树形

整形修剪时要根据品种的特性

采用适宜的树形，以达到早结果早丰产的目的。沙糖橘的树形一般采用下面两种。

（1）自然圆头形（图4-16）　干高40～50厘米，有明显主干，主枝2～5条，主枝分布较均匀，呈放射状，主枝上配置副主枝2～3条。这种树形分枝多，修剪时短剪为主，枝条多向上斜生，枝叶生长量大，易形成树冠，树形较紧凑、圆头形，容易早结果。随着树龄的增长，树冠内膛容易荫蔽，通风、透光条件逐渐恶化，枯枝、弱枝、病虫枝增多，影响产量与果实品质。成年后，每年修剪要求较重，否则容易影响产量与果实品质。

图4-16　自然圆头形树冠

（2）自然开心形（图4-17） 干高40～50厘米，有明显主干，主枝3～5条，主枝上留副主枝2～3条，主枝、副主枝分布错落有致。树冠较矮，内膛光照条件较好，枯枝、病虫害少。修剪时有意识地少短剪，尽量保留长枝条，枝条分枝角度大，树形开张，同时将树冠叶幕层剪成错落有致的波浪状，以利于通风透光。容易实现高产优质。成年后，每年的修剪较轻，对产量与果实品质的影响较小。

图4-17 自然开心形树冠

2.整形修剪

（1）整形修剪方法 整形修剪方法主要有除萌、摘心、抹芽控梢、短剪和疏剪。

①除萌。将从砧木上萌发的嫩梢及时抹掉（图4-18）。

②摘心。在新梢自剪前将嫩梢顶芽摘掉，防止新梢过长，促进新梢转绿、老熟（图4-19）。

图4-18　剪除砧木上萌发的嫩梢

图4-19　摘　心

　　③抹芽控梢。在统一放梢前，将零星先抽出的嫩梢及时抹掉，待60%以上的新梢萌发时再统一放梢（图4-20）。

　　④短剪。在统一放梢前10～15天，将过长或过弱的枝条剪掉1/5～2/3，促使基枝抽发健壮新梢（图4-21）。

图4-20　抹除零星抽出的嫩梢

图4-21　短　剪

⑤疏剪。在嫩梢抽出后,将过多、过密的弱小嫩梢人工疏掉,以使留下的嫩梢生长健壮(图4-22);或将成年密闭果园中树冠内膛直径1～3厘米的交叉大枝从分枝处锯掉或剪掉(图4-23,图4-24)。

图4-22　疏　剪

图4-23　疏剪内膛直立荫枝　　图4-24　疏剪树冠内膛的直立交叉枝

(2)定植当年的修剪

①修剪的目的。定植第一年,裸根苗根系恢复生长慢,幼树抽梢能力弱,往往春梢、夏梢和秋梢抽不整齐、抽得弱,有时当

年只抽夏梢和秋梢。所以，当年修剪的目的主要是定好主干、留好主枝和副主枝，为丰产树形的形成奠定基础。容器苗的修剪目的，则是促发健壮新梢，尽快形成树冠。

②修剪方法。一年生树的春、夏、秋梢的修剪以疏剪与短剪为主。在春季定植时或定植后，及时因树修剪。首先，对无分枝的单干苗，可在离地面约40厘米高处剪顶（图4-25），待春梢抽出后，将春梢过多的树选留健壮、分枝角度及位置合理的3～5条春梢作主枝（图4-26），多余的春梢抹掉，同时摘除花蕾；在春梢老熟后、放夏梢前15天左右，及时抹芽控梢，将春梢上抽出的单个夏梢及时抹掉（图4-27），促其抽出2～3条夏梢作副主枝，多余的抹掉（图4-28）。在夏梢老熟后、放秋梢前10～15天，将过长的夏梢留约30厘米长短剪。秋梢抽出后只留2～3条健壮枝，多余的秋梢疏掉（图4-29，图4-30）。

对具有2～3条或以上分枝的优质苗，不需重新定干，只须在春梢、夏梢和秋梢抽出后，按照健壮枝留嫩梢2～3条、弱枝留1条的标准留梢，多余的嫩梢及时抹掉。夏、秋梢老熟后，若出现徒长枝，则及时留25～30厘米长短剪。

图4-25 定植当年的树主干上的春梢过多，花蕾不及时摘除消耗养分

图4-26 摘除花蕾，留5条春梢作主枝

图4-27 疏剪后留4条分布均匀的春梢作主枝

图4-28 有分枝的健壮苗木在每次新梢抽出后留2～3条健壮新梢

图4-29 秋梢过多

图4-30 疏除过多秋梢后只留3条健壮梢

（3）二年生树的修剪

①修剪的目的。裸根苗种植后的第二年，根系已完全恢复，根系比较发达，当年新梢抽出较整齐、数量也较多，而且容易成花。修剪的目的主要是抑制生殖生长，促进营养生长，促使树冠早日形成，为早结果、早丰产奠定良好的基础。

②修剪方法。二年生树的修剪仍以短剪与疏剪为主。

在春梢抽出后，选留健壮的春梢2～3条，多余的春梢抹掉。

在春梢老熟后、放夏梢前10天左右，及时抹芽控梢，将春梢上先抽出的零星夏梢及时抹掉，待70%左右的夏梢萌芽时再统一放梢，以利于统一防治潜叶蛾、木虱、粉虱、蚜虫等害虫，促使大部分的春梢都能抽出2～3条夏梢，多余的夏梢及时抹掉。

在夏梢老熟后，放秋梢前10～15天，将过长的夏梢留25～30厘米长短剪（图4-31，图4-32，图4-33）。若秋梢抽发不整齐，还要抹芽控梢一次，将零星抽出的早秋梢抹掉，促发更多的秋梢。秋梢抽出后，每条夏梢上留秋梢2～3条，多余的秋梢及时抹掉。

图4-32　短剪徒长枝

图4-31　徒长枝过长

由于沙糖橘容易成花，特别是枳壳砧沙糖橘，在苗圃时就会开花，因此，为了抑制幼树（一至二年生）的生殖生长，减少或避免幼树开花，可以在秋梢将老熟时，叶面喷施2次浓度适宜的九二〇，2次间隔15～20天。一般情况下，可喷施含量为3%～4%九二〇水剂600～1 000倍液或75%九二〇粉剂150～200毫克/千克。同时，配合在放秋梢前增施速效氮肥，多淋水。也可以在水分充足的情况下，在正常秋梢老熟后再放1次晚秋梢，达到抑制花芽分化的目的。若晚秋梢或冬梢不能正常转绿老熟，应在春梢萌芽前15天左右短剪未老熟的晚秋梢或冬梢（图4-34）。

图4-33 短剪过长的夏梢

图4-34 短剪不转绿的晚秋梢

第五章
沙糖橘结果树的管理

一、修剪

沙糖橘结果树修剪的目的是改善通风透光条件、减轻病虫为害、提高产量、改善果实品质、提高经济效益。

沙糖橘的修剪按季节划分，分为春季修剪、夏季修剪和冬季修剪。春季修剪指立春后至立夏前进行的修剪；夏季修剪指立夏后至立秋前（5～7月）进行的修剪；冬季修剪指立冬后至翌年立春前进行的修剪。冬季温暖无冻害的地区，可在采果后进行冬季修剪；冬季有冻害的地区，在1～2月春梢萌发前进行。

1.初结果树的修剪

初结果树修剪以轻剪为主，达到扩大树冠、提高产量的目的。主要修剪方法是疏芽和短剪，及时回缩衰弱枝梢，培育优良的结果母枝和良好的树形，为进入丰产期作准备。

（1）春季修剪　沙糖橘初结果树春梢量大（图5-1），春季修剪以疏芽为主，留强去弱，每条母枝留春梢2～3条。对花蕾多、较长的结果母枝，可在花蕾露白时，短剪结果母枝的1/4～1/3（图5-2），控制顶端优势，减少春梢和花量。

图5-1　初结果树春梢过多　　　　　　图5-2　短剪花多的长结果母枝

（2）夏季修剪　　及时调控、处理夏梢，可进行人工抹梢或化学控梢，减轻梢果矛盾，提高坐果率。在稳果后放秋梢前10～15天的7月中下旬至8月上旬进行夏季修剪。一是重剪当年落花落果枝（图5-3）、弱枝（图5-4）和徒长枝（图5-5），二是疏剪重叠枝、交叉枝（图5-6，图5-7）和病虫枝，三是短剪树冠外围、中上部

图5-3　短剪落花落果枝　　　　　　图5-4　短剪弱枝

图5-5　短剪徒长枝

图5-6　疏剪重叠枝

的营养枝（图5-8，图5-9）或营养枝组、光秃枝（图5-10），促使抽出量多质优的健壮秋梢。同时及时抹除树冠中上部零星抽出的晚夏梢，控制顶端优势。

图5-7　疏剪交叉枝

图5-8　短剪春梢营养枝

图5-10　短剪光秃枝

图5-9　短剪树冠上部空间大之处的
营养枝

修剪后即可适时放秋梢。沙糖橘秋梢生长需要>10℃生物学有效积温1 011.5℃和有效天数54.7天。按此标准，南宁以南为立秋至处暑、南宁以北至柳州为立秋前后、柳州至桂林为大暑至立秋前后为放秋梢适宜期。放秋梢期间，如果干旱，则需每周适当淋水肥一次，以保证秋梢抽发多而整齐。

（3）冬季修剪　冬季修剪在采果后至春梢萌发前进行。掌握"短强、留中、疏弱"的原则。一是短剪树冠顶部1/3的强壮晚夏梢、秋梢（图5-11，图5-12），保留下部5～6个有效芽，促其抽生健壮的春梢营养枝；二是保留长势中等的晚夏梢和秋梢，以作开花结果之用；三是对花多的树，可疏剪1/3左右较弱的晚夏梢和秋

图5-11　短剪树冠顶部过长的营养枝

梢，以减少花量，有利于均衡树体营养。对夏季没有修剪的落花落果枝和内膛弱枝可进行短剪，仅保留基部3～4个有效芽。同时剪除铺地枝（图5-13）、下垂枝和病虫枝（图5-14）。

图5-12　短剪树冠外围1/3左右的强壮夏梢

图5-13　疏剪铺地枝

图5-14　短剪炭疽病枝

2.盛果期的修剪

沙糖橘盛果期修剪的目的是及时更新枝组，培养良好的结果母枝，保持营养枝与结果枝一定的比例，实现立体结果，延长丰产年限，防止出现大小年结果现象，同时保证果实品质。

（1）春季修剪　沙糖橘盛果期，树体经过冬季养分积累，在春季抽生优良的春梢，形成结果枝和翌年的结果母枝。修剪要根据树体情况进行，主要是疏去过密过多的春梢。在春梢生长至3～5厘米长时，每条基枝留2～3条春梢作为营养枝或结果枝（图5-15）即可。

图5-15 疏去基枝先端过多的春梢，留3条春梢

（2）夏季修剪 一是通过人工抹除或化学控梢及时处理夏梢，减轻梢果矛盾，提高坐果率；二是在放秋梢前10～15天，短剪落花落果枝、弱枝、强壮枝、长枝和光秃枝，疏剪重叠枝（图5-16至图5-21）。结果多或容易缺水的旱地果园很难放出秋梢，应提前进行夏剪，配合施攻秋梢肥提早放秋梢。也可通过培养晚夏梢作为结果母枝。

图5-16 夏季短剪中等长的落花落果枝

图5-17 短剪弱枝

图5-18 短剪光秃枝

图5-19 短剪强壮营养枝

图5-20 疏剪内膛直径2～4厘米的交叉大枝

（3）冬季修剪 以压顶、开天窗（图5-22，图5-23）为主，修剪时间在春梢萌芽前。剪去树冠中上部直径1.0～3.0厘米的直立或交叉影响光照的大枝1～2条，对内膛空虚处的长枝采用留桩短剪，保留基部2～3个有效芽进行短剪（图5-24），使其抽生较强的春梢或夏、秋梢，形成强壮的更新枝组。同时剪除病虫枝、枯枝和交叉枝。

密植果园种植密度越大，树冠封行越早，因此，提倡合理密植。对于株行间严重交叉

图5-21 疏剪内膛直立交叉枝

图5-22 冬季剪除过高的枝组

图5-23　开天窗

图5-24　短剪内膛直立长枝

图5-25　锯掉株间大枝

的封行密闭果园，应及时进行间伐。根据果园的情况，首先定好永久株和间伐株，然后对间伐株逐年进行处理，第一年冬季采果后先锯掉株间严重交叉的大枝（图5-25），以改善通风透光条件，锯口涂蜡保护，防止干枯，保留另一部分结果，第二年冬季整株砍伐挖除。对于树冠不大的健康间伐树，可进行移栽。

3.衰老树的修剪

沙糖橘连年丰产后，多数枝组容易衰弱，形成衰老树，导致树势衰弱、产量和品质下降，因此衰老树需要及时进行全面更新。沙糖橘枝梢隐芽多，短剪后易抽生健壮枝梢，恢复树势。对于主干及主根完好的衰老树，应及时进行重剪如主枝更新、副主枝更新修剪以恢复树势和产量。更新修剪宜在春梢萌动前进行，过早处理枝条容易枯死，处理过迟生长衰弱，夏季更新更易枯死。在更新头年的秋季，需进行深施重肥改土、断根，更新根系。

图5-26　春季重剪衰弱枝组

（1）春季修剪　在春梢萌芽前15～20天进行（图5-26），主枝或副主枝更新后会抽生大量的春梢，这些春梢的大部分应保留以营养根系。但对过密的春梢应适当疏芽，并对过长的春梢进行摘心。春梢萌发前及时追施速效氮、磷、钾肥促梢壮梢，同时加强叶面追肥促进新梢老熟。

（2）夏季修剪　夏季修剪的目的是促发秋梢，保证秋梢多而壮，为主枝或副主枝更新后尽快恢复树冠创造条件。沙糖橘成枝力强，夏梢长势旺，1个腋芽会长出多条新梢，因此，夏季修剪方法是：疏掉过多过密的夏梢，对树冠外围过长的夏梢留20～25厘米进行短剪，对弱夏梢适当短剪顶端2～3节，促发更多健壮秋梢（图5-27）。秋梢抽出后，应及时疏芽，留壮去弱，每条健壮基枝留新梢2～3条，多余的及时疏掉。秋梢萌芽前，及时追肥促进秋梢萌发，秋梢叶片转绿期间，加强叶面施肥，以壮梢、促进新梢转绿老熟。

（3）冬季修剪　在春梢萌动前进行。对于刚开始衰弱的树应进行枝组更新，重剪树冠外围衰弱枝组（图5-28），即剪去衰弱枝组先端的1/2～3/4，留下基部的1/4～1/2，剪除树冠中上部和内膛妨碍树形、影响通风透光的侧枝甚至副主枝，保留少量健壮的

图5-28 短剪弱营养枝组

图5-27 夏季短剪弱枝后抽出健壮秋梢

枝组以及内膛健壮枝，以辅助树体营养；对于树势中等衰弱的树则应进行露骨更新，在树冠中上部或外围，短剪直径2～3厘米的大枝，保留剪口下的侧枝和树冠内膛的小枝，改善树冠通风透光条件，树冠经1年的恢复生长后基本成形。这样修剪快捷、效果好，当年可恢复树冠，第二年可有一定的产量；对树势严重衰弱的树，应进行主枝更新，促进枝组更新，修剪时将离地高60～100厘米处的3～5级骨干枝进行回缩（图5-29，图5-30），促使主枝重新抽发新梢，主枝更新要经2年左右才能恢复树冠（图5-31）。通过主枝或副主枝更新修剪，可以促进主枝或副主枝上抽出健

图5-29 大枝回缩修剪

图5-30　主枝更新　　　　图5-31　衰老树主侧枝更新后形成的新树冠

壮春梢，从而逐步更新树冠，恢复树形和树势。春梢抽出后，应根据春梢的数量、强弱及时进行疏芽、摘心及整形，避免春梢数量太多造成梢弱、梢过密。

二、肥水管理

1.深施重肥

分夏季重肥和冬季重肥。夏季重肥在6～7月挖穴深施，沿树冠滴水线附近挖长×宽×深为（0.8～1.0）米×0.5米×（0.4～0.6）米的长方形坑，绿肥、杂草放下层，中上层施禽畜粪、商品有机肥。要求在放晚夏梢或秋梢前完成。由于夏季雨水较多，施肥坑空穴时间不能过长，宜当天挖当天回填，避免遇大雨浸泡根系。冬季重肥在采果后至翌年2月上旬完成，施肥坑空穴时间不能过长，避免遇寒潮冻伤根系。下层施土杂肥、杂草并均匀撒入石灰1.0～1.5千克（水田不施或少施），中上层施禽畜粪、麸肥、商品有机肥等。每株施禽畜粪25～30千克、麸肥1.5～2.0千克，或生物有机肥4～6千克。

根际施肥时，肥料不能堆施在坑底，必须与土壤拌匀，避免肥料集中造成烧根。

2.叶面施肥

在春梢、夏梢、秋梢转绿老熟期，喷施1～2次叶面肥，加快新梢的转绿老熟。

3.追肥（水肥一体化）

根据沙糖橘一年中各个时期的生长特点，及时施入速效肥料以满足其生长结果的需要，沙糖橘结果树施肥中应以 N：P：K=1：0.5：（0.8～1.0）配比施入，可参考以下用量确定果园年施肥量：亩产2 500千克，亩施氮（N）25千克、磷（P_2O_5）12.5千克、钾（K_2O）20～25千克 [每亩增加或减少果实1 000千克施肥量相应增加或减少氮（N）10千克、磷（P_2O_5）5.0千克、钾（K_2O）8.0～10.0千克]，肥料种类可根据上述比例选用有机肥（麸、粪肥等）、化学肥料中的复合肥、氮肥和钾肥，有机肥应占施入量的50%。上半年以氮肥为主，配施磷、钾肥，攻秋梢以氮肥为主，下半年以钾肥为主，配施氮、磷肥。

一般1年施追肥6～8次：

（1）施萌芽壮花肥　分两次施，第一次在春梢萌芽前的2月上、中旬，在树冠滴水线附近开环形浅沟或撒施后结合树盘浅翻耕，施入以氮为主的速效肥料如腐熟的人畜粪、麸水加适量氮肥或每株施尿素0.1～0.15千克加复合肥0.1～0.4千克，也可淋施或滴灌水溶性肥；第二次在3月上中旬淋水肥1次。

（2）稳果肥　谢花后，对幼果量大或树势中等或偏弱树施1次少量复合肥或水溶性肥，旺树或幼果量较少的树则不施以免促发夏梢、加重生理落果。5～7月树势中等结果多或树势较弱的树适量淋施含高钾的中微量元素水肥1～2次，促进果实膨大。7月下旬至8月初施氮肥为主的攻秋梢水肥1次，秋梢自剪时施钾肥为主配以氮磷肥为辅的水肥1次促梢老熟和壮果。9～11月施2～3次磷钾肥为主的水肥，促进秋梢老熟和花芽分化，提高果实品质。

以堆沤腐熟的禽畜粪、花生麸水、沼液、有机液肥和少量复合肥为主，有滴灌或喷灌系统的果园，每次水肥可施用水溶性肥料加少量复合肥。肥料用量根据树龄、树势、挂果量和叶片颜色灵活掌握。进入结果期后一些果园常表现中量元素的钙、镁或微量元素的硼、锌、铁等某一种或多种元素缺乏，当树体表现缺素症状时应及时补施矫正。

4.水分管理

4 ~ 7月雨季期间，及时排除果园积水，确保行间排水沟畅通、根系生长的耕作层0.4 ~ 0.5米深范围内没有积水。8 ~ 10月，常出现高温干旱天气，如不注意淋水防旱，果实的生长发育、秋梢萌发和生长均会受到不利的影响。在连续干旱10天以上，土壤含水量<18%时就要开始淋水保湿，每10天淋水1次，同时树盘用稻草、杂草、塑料薄膜覆盖保湿。此外，提倡果园生草栽培，在夏秋季节，将果园内的良性杂草保留，仅除掉恶性杂草，起保湿降温作用。有条件的果园应建立喷灌、滴灌等水肥一体化系统。

5.果园松土、生草或间种绿肥

（1）中耕松土　夏秋季的雨后、采果后至春季萌芽前，树盘浅翻耕（10 ~ 15厘米）各1 ~ 2次，减少杂草，破坏害虫越冬潜伏场所，疏松土壤，有利微生物活动，加速有机质分解。酸化板结的土壤宜撒施石灰75千克/亩再翻耕。

（2）间种绿肥　3 ~ 4月，在果园行间空地播种夏季绿肥如绿豆、黄豆、花生等豆科绿肥，增加有机肥源。6 ~ 7月，结合夏季施重肥进行绿肥压青，同时在果园行间再播种第二茬绿肥。7 ~ 9月，浅松树盘土壤、开沟深施绿肥。在花生、绿豆、黄豆等采收后，将藤蔓用于树盘覆盖保湿。10 ~ 11月，播种冬季绿肥茹菜、萝卜、油菜等。12月至翌年2月，结合施冬季重肥进行绿肥压青，同时进行全园或行间翻土，深度15 ~ 20厘米。

三、保花保果

1.控冬梢和促花芽分化

沙糖橘的花芽是在树体营养积累较好的基础上进行的，而适当的低温和干旱是诱导花芽分化的气候因素。

（1）及时促进秋梢老熟　秋梢展叶后喷一次0.4%磷酸二氢钾，隔15天后再喷一次。

（2）施花芽分化肥　结果多的树，施经沤制的麸水、畜粪肥或复合肥为宜，切勿偏施氮肥。

（3）适当控制水分　11月上旬开始减少水分供应，到12月上中旬控水至极少量树秋梢中午轻微卷叶、早晚叶片展开，保持40天左右，土壤出现轻微龟裂即止，过于干旱时宜适量淋水，以防叶黄、落叶。

（4）叶面喷施多效唑　对历年花量少的果园或10月中下旬秋梢尚未老熟的树，可叶面喷施15%多效唑可湿性粉剂500倍液，10月中下旬和11月中旬各喷1次。

（5）枝梢管理　抹除冬梢、短剪不能老熟的晚秋梢。

（6）环扎　对往年花少的旺长树或酸橘砧青壮年树，可于10月中旬在主干或主枝上用14号铁丝环扎，1个月后叶色出现褪绿时解绑。

2.环割保果

（1）不同环割处理的保果效果　2014—2015年笔者在桂林开展了不同环割处理对沙糖橘保果影响的试验，试验共设5个处理。

处理1：环割1次，在幼果果皮大部分已转绿时在主干上环割1次，环割1圈（图5-32）。

处理2：环割2次，在幼果果皮大部分已转绿时在主干上环割1次，15天后再环割1次，每次环割1圈（图5-33）。

处理3：环割3次，在幼果果皮大部分已转绿时在主干上环割

图 5-32 环割 1 次

图 5-33 环割 2 次

1次，15天后再环割1次，15天后环割第三次，每次环割1圈。

处理4：环剥1次，在幼果果皮大部分已转绿时在主干上环剥1次，环剥1圈，剥口宽度1毫米（图5-34）。

CK（对照）：不做任何处理。

结果表明（表5-1），4个处理的保果率均高于对照，其中处理3最高，达到36.54%，依次是处理2为25.61%、处理4为23.43%、处理1为14.14%，CK最低，仅9.58%；除处理1外，处理3、处理2和处理4的保果率均显著高于对照。

图 5-34 环剥 1 次

表5-1　不同环割处理对沙糖橘的保果效果

处理	幼果量（个）			坐果数（个）			保果率（%）		
	2014	2015	平均	2014	2015	平均	2014年8月	2015年10月	平均
1	1 401.67	756.33	1 079.00	53.00	172.67	112.84	3.83ABbc	24.44Bbc	14.14Bbc
2	1 382.33	543.33	962.83	52.33	260.67	156.50	3.88ABbc	48.33ABab	25.61ABab
3	1 853.67	438.33	1 146.00	92.00	304.67	189.84	5.05ABab	68.03Aa	36.54Aa
4	1 374.67	680.00	1 027.34	87.33	280.67	184.00	7.07Aa	39.78Abbc	23.43ABb
CK	1 610.33	1 036.67	1 323.50	27.67	152.67	90.17	1.7Bc	18.03Bc	9.58Bc

注：表中不同大写字母表示差异极显著（0.01），不同小写字母表示差异显著（0.05）。

试验结果表明，在出现长期低温阴雨天气、光照极少（2014年）时，处理4（在幼果果皮大部分已转绿时在主干上环剥1次，环剥1圈，剥口宽度1毫米）对沙糖橘保果效果最好，极显著高于对照；环割3次的保果效果次之，显著高于环割1次的处理1、环割2次的处理2和不环割的对照，而环割1、2次与对照间的保果率无显著差异。在光温天气正常（2015年）时，于幼果果皮大部分已转绿时在主干或主枝上环割3次的保果效果均极显著高于环割1次的处理1和不环割的对照，显著高于环割2次的处理2和环剥1次的处理4，处理2的保果率为48.33%，显著高于CK。

（2）环割时间与次数　在谢花后15天开始环割2～3次或环剥1次，对提高沙糖橘的坐果率具有显著的效果，但同时会抑制秋梢的萌发与生长，且环割次数越多或越重（环剥）影响越大。在天气与树势均正常的情况下，沙糖橘的保果以在主干或主枝上环割2～3次为宜；在长期阴雨天气情况下，则环割3次或环剥1次可获得显著的保果效果，环割间隔时间为15天。上年结果多、树势弱的树不宜环割。一般不提倡环剥保果，因为环剥容易伤树，严重影响树势（图5-35），甚至导致死亡（图5-36）。

如果确实因树势太旺如酸橘砧沙糖橘青壮年结果树或在长期

图 5-35 环剥不当导致叶片严重枯黄落叶

图 5-36 环剥不当又遇上干旱导致植株死亡

图 5-37 沙糖橘环剥保果后用塑料薄膜捆绑环割口

低温阴雨寡日照、生理落果严重的情况下，需要进行环剥时，则要注意控制剥口的宽度与深度，其宽度以1～2毫米、深度以刚达木质部为宜，如宽度过大，应及时用塑料薄膜进行包扎保护（图5-37），促进剥口及时愈合。

3.植物生长调节剂保果

盛花后至第一次生理落果后或第二次生理落果前，根据树势、结果量及天气等情况，喷1～2次九二〇保果。如果花量少则在盛花期喷第一次，15～20天后再喷第二次；如果幼果量少，则在第一次生理落果开始前喷第一次，10～15天后再喷第二次；如果花量或幼果量大，则在第一次生理落果后，待落掉一部分过多的幼果后再开始喷第一次，10～15天后喷第二次。第一次浓度为20～25毫克/升（1克75%的九二〇粉剂先溶于少量酒精或高度白酒，兑水31～38千克）加0.4%复合肥或0.3%尿素，第二次浓度为30毫克/升（1克75%的九二〇粉剂溶于少量酒精或高度白酒，兑水25千克）。若遇到长期阴雨天气，则在第二次的基础上再喷第三次九二〇溶液，浓度为30～40毫克/升（1克75%的九二〇粉剂兑水19～25千克）加0.4%复合肥。

喷药次数与浓度，要根据树势、树龄、结果量、天气等情况灵活掌握。九二〇可与叶面肥混喷，但不与农药混喷，否则易产生药害。

4.控夏梢保果

沙糖橘夏梢量大，如果不及时处理，会造成大量落果（图5-38）。

图5-38　夏梢抽出过早加重沙糖橘的生理落果

人工抹梢费用高且费时间，生产上常采用化学药物控梢，方法有两种：

（1）植物生长调节剂控梢　在春梢老熟、幼果转绿后，夏梢萌芽前，及时喷施1次植物生长调节剂如15%氟节胺乳油500倍液，或25%氟节胺乳油900倍液，15～20天后再喷第二次，可控制5～6月夏梢不萌发或少萌发。结果少或树势旺时，可加入适量多效唑混喷，效果更好。

喷施植物生长调节剂应注意：高温时禁用；在春梢老熟、幼果转绿后，夏梢萌芽前才能使用；单独使用；先在少量树上试用后再全园使用，以免因使用浓度或方法不当造成药害。

（2）喷杀梢素　先抹去零星夏梢，统一放梢，当嫩梢长1厘米左右喷施（图5-39）。

市场上控梢素和杀梢素品种混杂，因此，一定要选用可靠的厂家，以避免产生药害。另外，要掌握好施药时间和使用方法，

图5-39　喷杀梢素杀梢效果

一般在晴天下午4时后单独使用，喷雾点尽量调细，只喷树冠外围和中上部，喷药量尽量少，不能与农药或叶面肥混用。同时，没有使用过的药物，必须先做试验，才能大面积使用，避免产生药害，造成损失。

根据种胚颜色确定合理的放梢时间，避免放梢过早造成落果。6月上旬开始，横切幼果，用放大镜观察种子发育情况，每隔7天观察1次。当种胚颜色变成浅紫色时，此时幼果横径约2.0厘米左右，树冠中下部和内膛可以放晚夏梢，中上部嫩梢留5～6片叶打顶。

5.以梢控梢

在环割、喷生长调节剂保果的基础上，可在夏梢抽出时，将树冠顶部先抽出的部分夏梢保留（图5-40），既不抹也不短剪，利用这批夏梢的顶端优势及转绿老熟需要较长时间（一般50天左右）的特性抑制夏梢的继续萌发，达到既减少抹梢次数和数量，又缓

图5-40　树冠顶部先抽出的夏梢不抹掉，控制后面的夏梢抽出

和梢果间的营养矛盾，提高坐果率。具体留夏梢的数量，要根据树势、树冠大小及天气情况来定。正常情况下，三四年生的树每株留梢15 ～ 20条、成年树20 ～ 30条为宜。

四、抗寒防冻

在桂北地区，11月下旬至翌年2月常会出现霜冻或冰冻天气，造成沙糖橘果实、枝叶冻伤，严重者失去经济价值。因此，务必做好预防工作。密切注意当地气象部门的天气预报，进行霜冻、冰冻天气预测，提前采取防寒防冻措施，如喷防冻剂、薄膜覆盖树冠、果园熏烟等。

第六章
沙糖橘避雨避寒栽培技术

在广西，沙糖橘果实通常在12月开始成熟，在此期间，如果价格理想，销售顺畅，果实可分期采收上市。但在价格不理想或为了延期至春节前后采收时，或在果实成熟期间容易出现大风、降雨、霜冻甚至冰冻天气的产地，为了避免果实因大风、降雨、霜冻或冰冻危害造成果皮褐变、果实枯水，降低商品价值，影响销售或经济效益，近二十年来，生产上已大范围大面积应用树冠覆盖薄膜避雨避寒栽培技术（图6-1），并收到了避免果实受损、

图6-1　沙糖橘避雨避寒栽培一角

延长果实采收上市时期、提高销售价格和经济效益的显著效果。

一、盖膜时期

不同年份和产地开始覆盖薄膜的时间有所不同，但大致在低温霜冻到来前的12月上中旬开始。盖膜过早会因气温仍然较高而容易导致叶片和果实被灼伤，既影响产量又影响枝梢，更严重的是必须花费大量人工将薄膜掀开，以通风降温；盖膜太迟，又会遭受12月中下旬低温霜冻的危害。因此，具体的盖膜时间要因地制宜，根据当地的气温、往年的经验特别是气象部门的长期天气预报来确定。总之，宜早不宜迟，尽量做到既不过早导致树冠顶部的果实和枝梢灼伤，又不过迟遭受霜冻的危害。

二、盖膜前的准备工作

1.盖膜材料准备

在11月中下旬果实将成熟前准备好薄膜与搭架用的木条、竹子、水泥杆或钢管，提前在果园立好桩子，固定拱架，备好薄膜、塑料绳等所需材料。

2.盖膜时间

盖膜开始时间可在11月下旬至12月初。

3.薄膜的规格

用于覆盖的薄膜要选用无滴大棚膜，以免湿度大时薄膜内侧结露、滴水，造成棚内湿度过大滋生病害，引发果实腐烂。薄膜厚度0.06～0.08微米，白色或浅蓝色均可。

4.盖膜前的施肥

采用避雨避寒栽培的沙糖橘，在10月下旬前趁雨后在树的两侧挖深20～30厘米、宽30～40厘米的施肥坑，视树的大小，株施已腐熟的牛粪、羊粪15～30千克或生物有机肥3～5千克，加花生麸0.5 ~ 1千克、钙镁磷肥0.5 ~ 1.5千克，施后及时覆土。

5.盖膜前病虫害的防治

在盖膜前2 ~ 3天，进行一次病虫害的综合防治。药剂可选用5%噻螨酮乳油1 500倍液，或20%四螨嗪可湿性粉剂1 500倍加73%克螨特乳油2 000倍液和25%咪鲜胺乳油500 ~ 1 000倍混合液，或用99%绿颖乳油150 ~ 200倍液加80%大生M-45可湿性粉剂500倍液喷雾，预防红蜘蛛、炭疽病等病虫为害。

三、盖膜方式

1.直接盖膜

直接将塑料薄膜盖到树冠上（图6-2）。适用于各种果园。优点：经济、简易、省工省料。缺点：顶部枝叶、果实容易因高温灼伤，冰冻冻伤，膜易被刺破，不抗风，不方便采果与喷药。

图6-2 直接盖膜

2.倒U形拱架式盖膜

沿行向搭成倒U形拱架，再将塑料薄膜盖到倒U形拱架上（图6-3）。适用于平地或缓坡地果园。优点：不伤果及枝叶，牢

图6-3　倒U形拱架式盖膜

固，抗风，喷药、采果等田间农事操作方便。缺点：费料、费工。

3.倒V形架式盖膜

沿行向搭成倒V形架，再将塑料薄膜盖到V形架上。适用于平地或缓坡地果园，常用于树冠较矮小的果园。优点：抗风、较省工、较便于采果与喷药。缺点：膜内空间小（图6-4）。

图6-4　倒V形盖膜

四、盖膜技术

1.直接盖膜

沿行向直接将薄膜盖到树冠上，树冠下部不用盖膜，膜的长度、宽度以基本能将整行树冠及果实完全覆盖为宜，膜的四个角用塑料绳绑扎后固定在行间的木桩或竹桩上，其他地方每隔2～3米用塑料绳拉紧，两侧分别固定在另一行树的树干上（图6-5）。

图6-5　直接盖膜方法

2.倒U形拱架式盖膜

先沿行向在两行间的空地每隔3米左右在外一行树冠的两侧，各打一个高出地面约20厘米的木桩或竹桩，再选若干长竹片，拱成倒U形，两端绑缚在桩上，再在拱形架上覆盖薄膜。也可沿行向每隔3米左右在株间或树冠中间紧靠主干立一根高出树冠顶部约20厘米的支柱，沿行向的各条支柱之间可用细长光滑的竹条连接，在每条支柱两侧的行间空地上各打一个高出地面20厘米左右的木桩或竹桩，选若干长竹片，拱成倒U形，在每条支柱处从竹条上垂直跨过竹条，拱形竹片的两端绑缚在行间的木桩或竹桩上，再在拱形架上覆盖薄膜。薄膜的长度、宽度以基本能将整行树覆盖完好为宜，膜的四个角用塑料绳绑扎后固定在行间的木桩或竹桩上，其他地方每隔2～3米用塑料绳拉紧，两侧分别固定在木桩或竹桩上（图6-6）。

图6-6　倒U形拱架盖膜方法

3.倒V形架式盖膜

沿行向，每隔3～5株树或9～12米，在每2行间的空地或每行树对应的树干处，树立1根支柱并固定，再沿支柱顶部架一光滑的长条竹或拉一道8号以上的铁丝并绑扎牢固，将薄膜覆盖在架上，薄膜的4个角及中间每隔2～3米长在两侧用塑料拉绳固定在行间的木桩或竹桩上，使薄膜形成倒V形（图6-7）。

图6-7　倒V形盖膜方法

五、盖膜期间的管理

1.预防高温灼伤枝叶和果实

在树冠盖膜后，若出现晴天高温天气，采用直接覆膜的果园要及时将所盖薄膜揭开，待高温天气过后再将薄膜重新盖上。采用其他方式覆盖的应将每行树两端的薄膜掀起通风降温，待高温天气过后再将薄膜重新盖好，以防高温灼伤枝叶与果实。

2.防大风与霜雪

在盖膜期间遇到大风天气时，应在大风过后及时检查所盖薄膜是否被大风吹开或吹破，若有这种情况则要及时补好或盖好被风吹破、掀开的薄膜；遇到降雪特别是大雪时，应及时将薄膜上的积雪除掉，以免积雪过厚过重压垮棚架或树枝，损坏薄膜；降雪后及时将薄膜上的积雪抖落，并尽快补好薄膜压破处或用新薄膜重新覆盖。

3.及时防治病虫害

如果盖膜前的喷药均匀到位，盖膜期间一般不会再发生病虫害。偶尔为害的主要是柑橘红蜘蛛，可在每叶成螨数量达5头左右时，用99%绿颖乳油120～150倍液等有效药剂均匀喷雾防治。

六、果实采收时期

1.盖膜期间果实品质变化规律

2013年1～3月份，笔者在桂林市阳朔县福利镇旱田种植的七年生枳砧沙糖橘上进行了树冠盖膜（A）与不盖膜（CK）对果实品质影响的试验，结果如下：

（1）盖膜期间果皮色泽与果实风味的变化　结果表明（表6-1，表6-2），沙糖橘树冠盖膜处理的果皮色泽在整个盖膜期间均为橘红色，而没有盖膜的果皮前期为橘红色，从2013年2月17日开始转为橘黄色，色泽暗淡。同时，盖膜处理的果实较对照的果实风味浓，但盖膜处理果实从2013年2月7日开始出现浮皮，而对照果实没有出现浮皮现象，这可能与盖膜后树冠温度升高、通

表6-1　盖膜期间沙糖橘果皮色泽变化

处理	采样时间（月-日）							
	1-7	1-16	1-28	2-7	2-17	2-26	3-6	3-15
A	橘红	橘红	橘红	橘红	橘红	橘红	橘红	橘红
CK	橘红	橘红	橘红	橘红	橘黄	橘黄	橘黄	橘黄

表6-2　盖膜期间沙糖果实风味的变化

处理	采样时间（月-日）							
	1-7	1-16	1-28	2-7	2-17	2-26	3-6	3-15
A	甜酸可口	甜酸可口	甜酸可口	甜酸可口，浮皮	甜酸可口，浮皮	甜酸可口，浮皮	甜酸可口，浮皮	甜酸可口，浮皮
CK	味稍淡，甜酸可口	味稍淡，甜酸可口	味稍淡，甜酸可口	味稍淡，甜酸可口	味稍淡，甜酸可口	味淡	味淡	味淡

风条件较差，导致果实呼吸强度增强，从而使果实成熟加快有关，但真实原因还有待研究。

（2）**盖膜期间果实总糖含量的变化**　从图6-8可以看出，盖膜处理的果实总糖含量均高于对照，而且果实总糖含量变化较平稳，每100毫升果汁总糖含量从1月17日的8.35克到3月15日的9.88克，总体呈上升趋势，而不盖膜的对照果实的总糖含量变化较大，从1月17日的7.30克到3月15日的6.44克，总体呈下降趋势。

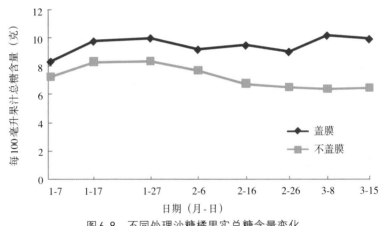

图6-8　不同处理沙糖橘果实总糖含量变化

（3）**盖膜期间果实酸含量的变化**　图6-9表明，盖膜处理果实的酸含量在开始的20天内呈上升趋势，每100毫升果汁酸含量1月28日出现最高值0.31克，此后的10天内迅速下降至低于对照的水平，2月7日出现最低值，此后的20天内上升高于对照，之后又下降至3月15日的0.19克；对照果实的酸含量呈现明显的下降趋势，1月7日出现最高值为0.26克，3月15日出现最低值为0.08克。盖膜处理果实的酸含量在大多数时间内高于对照。

（4）**盖膜期间果实可溶性固形物含量的变化**　从图6-10可看出，盖膜处理果实的可溶性固形物含量从1月17日的12.33%提高到3月15日的13.40%，提高了1.07个百分点，总体呈上升趋势，

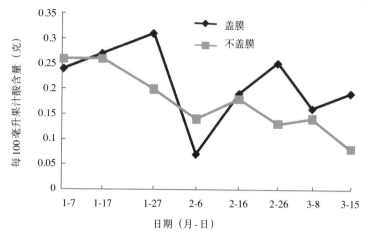

图6-9　不同处理沙糖橘果实酸含量变化

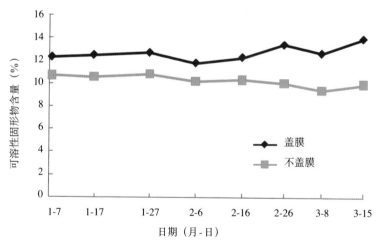

图6-10　不同处理沙糖橘果实可溶性固形物含量变化

而对照从1月17日的10.70%下降至3月15日的9.90%，下降了0.80个百分点，总体呈下降趋势。整个盖膜期间，盖膜处理果实的可溶性固形物含量最高为13.9%，最低为11.8%；而对照最高为

10.8%，最低为9.4%。这种差异可能与盖膜后，土壤含水量较低，而不盖膜的土壤含水量较高有关。

显然，树冠盖膜后沙糖橘果皮色泽一直保持橘红色，而不盖膜的果皮色泽由前期的橘红色转为后期的橘黄色，且色泽暗淡；树冠盖膜后沙糖橘果实较不盖膜的总糖和可溶性固形物含量高，而且盖膜后总糖和可溶性固形物的含量均呈上升趋势，不盖膜对照果实的总糖和可溶性固形物的含量则呈下降趋势，这种差异可能与盖膜后，土壤含水量较低，而不盖膜的土壤含水量较高有关。

在桂林市阳朔县的气候条件下，在沙糖橘果实成熟期间采用树冠盖膜的避雨避寒栽培技术后，果实甜酸可口、风味浓、口感好，可将果实留树贮藏至翌年2月上旬，而不盖膜的对照果实风味一直较淡，从2月上旬开始果皮颜色由橘红转为橘黄，比盖膜树的果实差。

综上，树冠盖膜可使沙糖橘果实在一定时间内较不盖膜的果皮色泽好，果实总糖和可溶性固形物含量较高且呈上升趋势，口感好，风味浓，但由于盖膜后时间过长沙糖橘果实易浮皮（图6-11），因此，在桂林地区沙糖橘树冠盖膜后其果实的最迟采收时

图6-11　2015年桂林沙糖橘留树保鲜至2月初已有部分开始浮皮

期为2月上旬，过迟采收虽然果实品质仍然较好，但果皮已开始出现浮皮现象，对采后运输及贮藏不利。

2.采收期的确定

果实成熟后，依据市场价格、天气和需求，分期人工采摘，直至采收完毕。沙糖橘的采收时间因年份、产地、天气和价格而异，如果价格较高，则在广东、广西南部，因成熟较早且期间气温仍较高，所以，可从12月中下旬开始采收，持续至翌年的1～2月上旬。采收过迟，一会导致果实成熟度过高出现枯水（图6-12，图6-13），

图6-12　2015年桂林沙糖橘留树保鲜至2月下旬已大部分浮皮

图6-13　2015年桂林沙糖橘留树保鲜至3月中旬已严重浮皮

不利于运输，二会在一定程度上影响到树势的恢复进而影响翌年的花量和产量。而在粤北山区、桂北及桂西南山区，因果实成熟较晚而且期间气温较低，果实留在树上不像在广东、广西南部那样容易过熟，所以，采收时间可推迟至1月中旬至2月中下旬，最理想的采收时间往往是在1月下旬至2月底，因为这时其他产地的沙糖橘大部分已经销售完毕，市场供应量在逐步减少，更重要的是传统佳节即春节往往都在2月上中旬，节日消费高峰期间的价格要比其他时期高。

但是，随着沙糖橘面积与产量的迅速增加，沙糖橘的销售价格将逐步回归正常，甚至出现大幅度降价或果难卖的情况。因此，具体的采收时期，应根据市场行情、天气、成本与利润等情况灵活掌握。

七、采果后的管理

1.及时拆除薄膜或棚架

果实全部采收后，及时将薄膜拆下卷好放室内存放，留翌年再次使用。棚架是否拆除视所用材料及使用年限而定。采用钢筋混凝土和钢管搭建的棚架属于永久式棚架，无需拆除，采用竹、木搭建的棚架，考虑到雨淋日晒容易老化损坏，拆除置于燥阴凉处存放。

2.施肥

在2月果实采收完毕时，沙糖橘春梢已开始萌芽生长，而树体经过一个冬季的挂果后，营养消耗未能得到很好的恢复，因此，采果后要及时施一次速效的完全肥料，如腐熟的麸水加适量尿素或优质复合肥、冲施肥等，以恢复树势，有利于春梢生长、壮蕾壮花及开花结果。

3.修剪

一是剪除枯枝、病虫枝、贴近地面的下垂枝；二是适当短剪结果枝、落花落果枝；三是疏剪树冠内腔或株间、行间的密生枝、交叉枝，以改善果园通风透光条件。

4.冬季或春季清园

由于树冠盖膜、果实留树保鲜期间无法进行冬季清园工作，因此，在施肥、修剪后，应及时进行冬季清园工作，全园喷一次杀菌杀虫药剂，降低病虫基数。药剂可选用99％绿颖乳油150～200倍液加80％大生M-45可湿性粉剂500倍液，或25％咪鲜胺乳油500～800倍液，或在10％苯醚甲环唑水分散颗粒剂2 000倍液、45％噻菌灵悬浮剂500倍液、77％氢氧化铜干悬剂900～1 100倍液、12％松脂酸铜乳剂600～800倍液、30％苯醚甲环唑·丙环唑乳油3 000～3 500倍液、25％嘧菌酯悬浮剂600～1 000倍液中选用其中一种混用。

5.松土

在完成采果、施肥与修剪工作后，将已板结的全园土壤浅松一次，深度15厘米左右。

第七章
沙糖橘主要病虫害防治

沙糖橘主要病虫害有害螨、潜叶蛾、介壳虫类、蚜虫、木虱、粉虱、天牛、花蕾蛆、实蝇，柑橘黄龙病、炭疽病、疮痂病、脂点黄斑病、衰退病、溃疡病等。

一、主要病害防治

1.柑橘黄龙病

柑橘黄龙病是一种细菌性病害，病原为韧皮部杆菌属细菌。

【为害症状】柑橘生长期中每次梢期均可发病，以夏、秋梢受害最严重。该病的特征性病状是叶片的均匀黄化（均匀黄化叶）和斑驳状黄化（斑驳叶）以及果实成熟期的"红鼻子果"和"青果"。此外，常见的症状尚有叶片的缺素状黄化（缺素状叶）和树势衰退，落叶、落花严重，产生大量枯枝等，典型症状如下：

（1）均匀黄化叶（图7-1）　在绿色树冠上的一个大枝或数个小

图7-1　均匀黄化症状

枝，新梢上的叶片长至正常大小，在转绿过程中停止转绿，呈现均匀的黄色或淡黄色，质地硬而脆，并容易掉落。春梢较少，秋梢发生较多。

图7-2　斑驳黄化症状

（2）斑驳叶（图7-2）　新梢叶片转绿后，从叶片基部和靠近基部的边缘开始，逐渐褪绿转变成浅黄色至黄色，并继续向叶片上部和中间扩展，形成不规则的黄斑，叶片的其余部分仍保持绿色，整张叶片呈现不均匀的黄绿相间的斑驳状，有的最后全叶褪绿成为均匀黄化。此种斑驳叶质地较硬而脆，可较长时间挂于树上不掉落。斑驳叶在春、夏、秋梢均可发生，在前、中、后期病树上都可见到。因此，斑驳叶常作为田间诊断黄龙病的主要依据。

（3）红鼻子果　病果成熟时着色不均匀，表现为果蒂附近或果顶橙红或橙黄色，其余部分绿色，称之为"红鼻子果"（图7-3）。红鼻子果果皮无光泽，果实质地变软、味淡。

图7-3　沙糖橘红鼻子果

（4）不正常着色果　果实着色成熟期，部分病果呈现不着色的绿色或着色很浅的淡黄绿色（图7-4），味淡或无味。

（5）缺素型黄化　秋梢叶片叶脉及叶脉附近的叶肉呈绿色而脉间叶肉呈黄色，类似缺锌或缺锰症状（图7-5）。此种黄化叶多发生于上年病枝梢新抽生的枝梢上以及中、后期病树上。

（6）其他症状　病树落叶严重，不定期抽梢，梢短而纤弱，叶小而直立，出现大量枯枝，树势衰退（图7-6）。开花早，坐果

图7-5　斑驳型与缺素型黄化叶片症状

图7-4　果实不能正常着色　　　　　图7-6　黄龙病树12月下旬不正常开花

率极低，果小而畸形。病树后期新根少，须根腐烂，随后有的侧根也腐烂，木质部变黑，根皮脱落，最终导致全株枯死。

【传播途径】柑橘黄龙病可以通过嫁接传播，但不能通过汁液摩擦及土壤传播。在田间由柑橘木虱传播，三龄以上的柑橘木虱若虫和成虫均能传播病原，一次吸食到细菌后便能终身传病。带病的接穗及苗木是黄龙病远距离传播的主要途径。在新区，病害主要来自带病的接穗及苗木；在病区，初次侵染来源主要是果园中的病树。

【防治方法】

（1）严格实施检疫，控制病源扩散蔓延　严格禁止病区的接穗和苗木向新区和无病区调运。

（2）种植无病苗木，保证苗木不带病 种植无病苗木是防控柑橘黄龙病的关键措施。新种、补种均必须种植无病苗木，从源头上杜绝黄龙病的传播。

（3）防治柑橘木虱，减少传播机会 通过抹芽控梢，促梢抽发整齐，缩短新梢期。每次新梢期用药防治柑橘木虱2～3次。

（4）及时挖除病树，消除病源 在每年秋冬季节普查病树，发现病树及时挖除集中烧毁。挖病树前应对病树及附近植株喷杀木虱1次，以防柑橘木虱扩散传病。

（5）联防联控联治，确保防控效果 在集中产区，统一种植无病苗木，统一防治木虱，统一砍除病树，确保区域防控成效。

（6）加强培训，提高识别、防控黄龙病与木虱的技术水平 因很多果农不掌握田间识别、诊断黄龙病与木虱的常识，无法确定有无木虱和病树，耽误了黄龙病的防控，因此，必须加强对果农及技术人员的技术培训，提高黄龙病识别与防控的整体技术水平。

2. 柑橘衰退病

衰退病是一种世界性的柑橘病害，几乎所有的柑橘产区均有发生，病原为柑橘衰退病毒。

【为害症状】

（1）衰退型 受衰退病毒侵染的宽皮柑橘，初期病树不抽或少抽新梢，老叶失去光泽，嫩梢叶片主脉及侧脉透明（图7-7），新叶呈类似缺锌、缺锰症，病叶易脱落。病枝从顶部向下枯死，果实变小，树势衰退，植株矮化。有时在出现初期症状几个月后，病树叶片突然凋萎但不脱落，果实干缩残留树上，植株枯死。因此又称速衰病。

图7-7 柑橘衰退病（嫩叶叶脉透明）

图7-8　柑橘衰退病茎陷点

（2）苗黄型　受衰退病毒侵染的酸橙、尤力克柠檬、葡萄柚和多种柚类品种的实生苗，新梢变短，叶片直立和黄化，植株矮化。

（3）茎陷点型　莱檬、葡萄柚、大部分柚类品种和某些甜橙品种在受到衰退病毒的侵染后，其一至二年生枝条呈现严重的茎木质部陷点（图7-8）。

【传播途径】衰退病通过带毒的苗木或接穗传播，在田间通过蚜虫传播，叶片汁液摩擦和土壤不传病。

【防治方法】

（1）加强植物检疫　防止茎陷点强毒株系的传入。

（2）选用抗、耐病砧木　预防衰退病的弱毒株系和苗黄株系，应选用枳、酸橘、红橘、柠檬等抗、耐病品种作砧木。

（3）种植无病苗木

（4）治虫防病　对于受强毒株系侵染的柑橘园，应及时挖除病株、及时防治蚜虫，以防止病害蔓延。

3.柑橘炭疽病

柑橘炭疽病是一种普遍发生的真菌性病害，在各柑橘产区都有分布。该病常造成柑橘大量落叶、梢枯和落果，导致树势衰弱，产量和品质下降，甚至枝干、植株枯死。在苗圃发生，引起苗木枝枯、叶落和整株枯死。在果实贮运期间，可引起果实大量腐烂。

【为害症状】此病主要为害叶片、枝梢、果柄、果实和苗木，也可为害大的枝条、主干和花器。

（1）叶片症状　可分为普通型、落叶型及次生型3种类型。

①普通型。ⓐ急性型。发病叶片尚未老熟前，叶片多从叶尖、叶缘或沿主脉开始，初呈淡青色或青褐色像开水烫伤状小斑，迅速扩大成为黄褐色油渍状的大斑块，半圆形、近圆形或不规则形，略显环状纹，边缘不清晰，与健部交界处波纹状（图7-9），病叶

腐烂脱落。天气潮湿时，病斑上产生大量的朱红色黏性孢子团液点。ⓑ慢性型。多发生于成长叶或老熟叶片的叶缘或叶尖处。病斑黄褐色，稍凹陷，圆形或不规则形，边缘褐色，病健交界分明（图7-10）。天气干旱时，病斑中部呈灰白色干枯，表面稍微隆起，作同心轮纹状排列或不规则排列的小黑点即病原菌的分生孢子盘。湿度大时，病健部界限不明显，病斑上出现朱红色的黏性液点。病叶不脱落或脱落较慢。叶芽受害，不能开展，梗部变褐色后，叶芽脱落。

 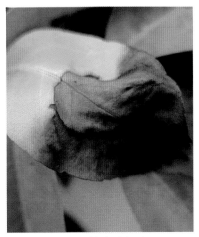

图7-9　柑橘炭疽病病叶　　　图7-10　炭疽病病健部分界明显

　　②落叶型。大多发生于温州蜜柑一年生老叶上，造成大量落叶。病斑多从叶尖开始，初呈淡青带暗褐色至深褐色，边缘界限不清晰，云纹状，近圆形或不规则形的大斑。遇雨时产生深黄色的分生孢子盘和朱红色的小液点。

　　③次生型。病斑初期多在两侧脉与主脉之间偏向叶缘的部位出现梭形或不规则形半透明水渍状褪绿斑。其上方的叶表部分微突皱纹状，最后叶斑内呈现枯焦区域，中央灰白色或淡褐色稍凹陷，表面生小黑点，轮纹状或不规则状排列（图7-11）。此型病斑

图7-11 落叶型急性炭疽病

多发生在晚秋梢叶片尚未老熟、遇到气温降低的甜橙品种上。

（2）枝梢症状 急性型常突发于刚抽生尤其受冻害后的嫩梢顶端3～10厘米处，呈开水烫伤状，3～5天后，病部凋萎发黑，病健交界分明，表面产生朱红色的黏性液点（图7-12）。慢性型多发生于枝梢中部，从叶柄基部腋芽处或受伤皮层处开始发生，初为淡褐色，椭圆形，扩大后长梭形，稍下陷。当病斑环绕枝梢一周时，病梢即由上而下枯死（图7-13）。枯死的枝梢呈淡褐色或灰白色，天气潮湿时，斑面亦生朱红色液点，干旱时，则散生小黑点。三年生以上枝条的病斑因树皮颜色较深，病部不易觉察，剥开皮层，可见皮层枯死和病部扩展范围。病枝上的叶片常常卷缩干枯经久不落。若病斑较小和树势较强，病部周围会产生愈伤组织，使病皮干枯脱落，常形成大小不等的

图7-12 急性炭疽病（全金成提供）

图7-13 炭疽病病梢

梭形或长条状的病疤。

（3）花、果症状 病菌侵染雌蕊柱头，呈褐色花腐脱落。幼果受害，初为暗绿色、油渍状、不规则形、略凹陷的病斑，迅速扩大至全果。潮湿时，病果上出现白色霉状物和朱红色的黏性液点（图7-14）。其后病果失水干缩，成为黑色僵果挂在树上或脱落。

在成熟果实上，症状有干斑型、果腐型和泪痕型3种。

①干斑型。病斑多从近果蒂和在果腹部位或其他部位发生，褐色，圆形或不规则形。在比较干燥的条件下，病斑有一定界限，边缘明显，黄褐色至栗褐色，稍凹陷，病部果皮革质或硬化，中央密生小黑点。干斑型病斑一般仅限于果皮，果肉不易受害。

②果腐型。常发生于多湿的果园或贮运期间高湿的场合。病斑多从蒂部开始，呈青褐色水渍状，不规则形，边缘整齐或不整齐，迅速扩大，终至全果呈深褐色腐烂（图7-15）。在果园中，病果腐烂脱落，或失水干枯，成为僵果挂在树上。天气潮湿时，病果上产生灰白色至灰绿色的气生菌丝，上生朱红色的小液点或黑色粒点。

图7-14　柑橘果柄炭疽病（全金成提供）

图7-15　炭疽病病果

③泪痕型。病斑可发生于果实的任何部分，只限于果皮表面，外表呈现红褐色或暗红褐色条状微凸的干疤，形似流泪的痕迹。

（4）果柄症状　果柄受害，有叶果枝多从叶柄基部叶痕处发生，无叶果枝多从近蒂部果柄处发生，初呈淡黄色病斑，其后变成褐色的枯柄或枯蒂，常导致采前大量落果。椪柑和果梗细长的品种受害最烈。

【发生规律】病原菌主要以菌丝体、分生孢子和附着胞在被害的病枝、病叶和病果上越冬，其中病枯枝梢是病菌的主要初侵染源。翌年春天，当温湿度适宜时，病组织中越冬的菌丝产生分生孢子和越冬分生孢子一起，借风雨、昆虫及枝叶接触传播至寄主组织表面，萌发芽管和侵染丝从伤口或气孔侵入寄主，导致发病。病斑上产生大量分生孢子进行反复再侵染。

柑橘炭疽病菌具有潜伏侵染的特点，主要以侵染丝潜伏于角质层下滞育，当树势衰弱、寄主抗性减退时，侵染丝才发展成菌丝，在皮层细胞中迅速扩展为害。

夏、秋季高温多雨或冬季冻害较重，或早春气温低和阴雨多的年份和地区，树势变弱，抗性下降，易发病。

【防治方法】

（1）加强栽培管理，增强树势，提高抗病力　对果园实施深翻扩穴，增施有机肥和磷、钾肥，注意及时排除积水和修剪，及时间伐密植园，及时防治其他病虫，增强树势提高抗病力。剪除病枝叶和病果，集中烧毁。冬季清园后，结合防治其他病虫害，喷施1次0.8～1波美度石硫合剂。

（2）适时喷药保护　在华南，4～5月间，如部分春梢的基枝（可以是上一年的秋梢或夏梢、春梢）叶片开始出现黄化，甚至有些春梢和花、果变黄褐色凋萎且较普遍时，需立即喷药。在7～8月间，如发现带叶结果枝上叶片变黄，检查果柄上有病斑，或者有些秋梢的基枝与晚夏梢的叶片变黄，检查枝条有病斑，即应喷药防治。药剂可选用50%咪鲜胺可湿性粉剂加70%甲基硫菌灵可湿性粉剂（9∶1）1 000 ～ 2 000倍液、20%噻菌铜悬浮剂500倍液、25%咪鲜胺乳油500 ～ 1 000倍液、10%苯醚甲环唑水分散粒剂1 500 ～ 2 000倍液、45%噻菌灵悬浮剂500倍液、77%氢氧化铜干悬剂900 ～ 1 100倍液、12%松脂酸铜乳剂600 ～ 800倍液、30%苯醚甲环唑·丙环唑乳油3 000 ～ 3 500倍液、25%苯醚甲环唑·嘧菌酯悬浮剂600 ～ 1 000倍液、2.5%咯菌腈悬浮剂1 000倍液、30%王铜悬浮剂600倍液、40%多菌灵·硫黄悬浮剂600倍液、25%溴菌腈可湿性粉剂600倍液等。上述药剂须交替使用，以防病菌产生抗药性。

4.柑橘溃疡病

溃疡病为柑橘类果树的一种检疫性细菌病害，可侵染柑橘属、枳属和金柑属的几乎所有的柑橘种类和品种，尤以甜橙类、柚类、杂交柑感病重，柑类和橘类品种一般较轻，金柑抗病。该病主要为害柑橘的枝、叶、果，常引起大量落叶、落果，可造成严重的经济损失。沙糖橘一般不容易感病，但若果园附近存在病源较多，则会不同程度感病（图7-16，图7-17）。

图7-16　沙糖橘果实感染溃疡病

图7-17　沙糖橘溃疡病树

【为害症状】叶片上形成近圆形的灰褐色病斑，在叶的正反面隆起，木栓化，表面粗糙，病斑中央呈火山口状开裂，病斑周围有明显的黄色晕环（图7-18）。如无潜叶蛾等害虫为害时，受害叶一般不变形。枝上和果实上病斑与叶上的相似，但火山口状开裂更为明显，病斑周围一般无黄色晕环（图7-16，图7-19）。

图7-18　沙糖橘溃疡病病叶　　　　图7-19　柑橘溃疡病病果

【发生规律】本病为一种细菌引起。上一年的病斑（特别是秋梢上的病斑）上的越冬病菌是该病的初侵染源。翌年春，病部溢出菌浓，借风雨、昆虫、人畜和枝叶接触而传播。病原菌在柑橘幼嫩枝梢、叶片和果实上，只要这些器官保持有20分钟的水膜，就可经伤口及气孔和水孔侵入。其潜育期一般为3～10天。高温多湿多雨是本病发生和流行的必要条件。本病病原菌的侵入期主要在新梢自剪前一周左右，新梢长3～13厘米时是侵入盛期，顶芽自剪至叶片转绿前是侵入末期。老熟的组织不感病或不易感病。偏施氮肥或潜叶蛾等新梢害虫严重、台风过后亦可加剧发病。

【防治方法】

（1）实行植物检疫　禁止病区苗木、接穗和果实流入非病区。

（2）培育和种植无病苗木

（3）合理施肥　特别是不要偏施氮肥。

（4）抹芽控梢　促进夏秋梢的整齐抽发和统一老熟，缩短潜叶蛾为害及病原菌的侵入期，减轻发病。

（5）清除病源　在晴天或阴天露水干后，彻底剪除可见病斑的病枝、病叶、病果，清除地面的落叶、病果和病枝，集中烧毁，剪后及时喷药保护伤口。

（6）喷药保护新梢和幼果　有病源的果园，在新梢长1～2厘米时或谢花后10天喷药1次，以后隔7～10天喷1次，连喷3～4次。药剂可选用97%矿物油增效助剂（百农乐）300倍液混用53.8%氢氧化铜（志信2000）干悬浮剂900～1 100倍液、可杀得3000（氢氧化铜）1 200～1 500倍液、80%波尔多液400～600倍液、0.5%～1.0%石灰倍量式波尔多液、72%农用硫酸链霉素1 000～1 500倍液、农用链霉素800～1 000单位/毫升、77%冠军铜（氧氯化铜）可湿性粉剂400～600倍液、2%春雷霉素水剂500～600倍液、20%噻唑锌悬浮剂300～500倍液等。

5.柑橘脂点黄斑病

柑橘脂点黄斑病（脂点黄斑病和拟脂点黄斑病）是柑橘重要病害之一，有逐年加重的趋势，主要为害柑橘叶片（图7-20至图7-22）和幼果，春、夏及秋梢均可发生，常引起柑橘大量落叶，导致树势衰弱，产量、品质下降。

【症状】脂点黄斑病在田间表现有3种类型。

（1）脂点黄斑型　主要发生在春梢；叶背先出现针头大小的褪色小点，对光透视呈半透明状，后扩展呈黄色斑块，叶背病斑上出现疮痂状淡黄色突起小粒点，随病斑扩展和老化，小粒点颜色加深，变成黄褐色至黑褐色的脂斑。与脂斑对应的叶片正面上，形成不规则的黄色斑块，边缘不明显。

图7-20　脂点黄斑病叶面与叶背症状

（2）褐色小圆星型　主

要发生在秋梢；初期叶片表面出现赤褐色芝麻粒大小的近圆形斑点，后扩展成直径1~3毫米圆形或椭圆形病斑，灰褐色，边缘颜色深且隆起，后期呈灰白色，其上布满黑色小粒点。

（3）混合型　主要发生在夏梢，即在同一张病叶上，同时发生脂点黄斑型和褐色小圆星型的病斑。

图7-21　脂点黄斑病

图7-22　脂点黄斑病

拟脂点黄斑病：拟脂点黄斑病与脂点黄斑病相似，颜色黑褐色（图7-23），微凸。

【发病规律】本病是由高等真菌引起的病害。病原多以菌丝体在树上病叶或落地的病叶中越冬，也可在树枝上越冬，当春天气温回升到20℃以上，病叶经雨水湿

图7-23　柑橘拟脂点黄斑病

润，产生大量子囊孢子，引起初侵染。本病周年均可发生，尤以5~10月发生较多；春梢发病比夏梢、秋梢严重；柑橘树受冻害、日灼、机械损伤、虫伤等造成伤口是本病发生流行的重要条件；历年发病重，冬季清园不到位，老病叶多的果园，当年发病加重；果园失管，树冠郁蔽，树势弱也容易发病。

【防治方法】

（1）加强冬剪和夏剪　保持果园通风透光，降低果园湿度。

（2）合理施肥　及时补充树体营养以增强树势。

（3）做好冬季清园　及时清除果园内的枯枝、落叶，冬剪后可用3～5波美度石硫合剂喷雾。

（4）在新梢转绿期和发病初期，及时喷药保护　保护剂可选用80%代森锰锌可湿性粉剂600～800倍液、70%丙森锌可湿性粉剂700～800倍液、10%苯醚甲环唑水分散粒剂800倍液等；治疗剂可选用25%苯醚甲环唑乳油2 000倍液、43%戊唑醇悬浮剂3 000～4 000倍液；或直接使用混剂防治，如32.5%苯甲·醚菌酯悬浮剂1 500～2 000倍液、65%戊唑丙森锌可湿性粉剂1 000～1 500倍液、25%吡唑醚菌酯乳油1 000～1 500倍液等，每10～15天喷1次，连用2～3次，可兼治柑橘树脂病、炭疽病等病害。

6．柑橘疮痂病

【为害症状】主要为害新梢、叶片、幼果等，受害叶初期在叶片上病斑出现水渍状圆形，以后逐渐扩大变成黄褐色，并逐渐木栓化，多数病斑似圆锥状向叶背面突出，但不穿透叶两面，叶面呈凹陷状，病斑多时呈扭曲畸形，严重时引起落叶。受害幼果的果皮上产生褐色斑点，逐渐扩大并转为黄褐色、圆锥状、木栓化瘤状突起（图7-24）。严重时病斑密布，果小、畸形，易脱落，俗称"癞痢头"。天气潮湿时，在疮痂的表面长出灰色粉状物。春季空气湿度大是发病严重的主要原因，春梢及幼果发病最为严重。

【发生规律】病原菌为柑橘痂圆孢菌，主要以菌丝体在患病组织内越冬，也可以分生孢子在新芽的鳞片上越冬。翌年春季，当阴雨多湿、气温回升到15℃以上时，越冬菌丝产生分生孢子，借风雨、露水或昆虫传播到柑橘幼嫩组织上，萌发

图7-24　柑橘疮痂病

后侵入。侵入后 3 ~ 10 天发病，新病斑上又产生分生孢子进行再次侵染。适温和高湿是疮痂病流行的重要条件。发病温度范围为 15 ~ 30℃，最适为 20 ~ 28℃。此外，疮痂病的发生流行程度与栽培品种、寄主组织的老熟程度、树龄和栽培管理等有密切关系。在设施栽培中管理水平较高，因此，采用设施栽培的果园一般发病较少。

【防治方法】

（1）种植无病苗木

（2）冬季清园　剪除病虫枝、病叶、病果，清除地表枯枝、落叶并烧毁，再喷 0.5 波美度石硫合剂，以减少病源。同时加强肥水管理，改善树冠内部通风透光条件，增强树势。

（3）药剂防治　保护的重点是春梢嫩叶和幼果，即在春芽萌动至芽长 2 毫米时喷第一次药，以保护春梢。在花落 2/3 时喷第二次药以保护幼果。药剂可选用 80% 代森锰锌可湿性粉剂 600 倍液、25% 嘧菌酯悬浮剂 1 000 ~ 1 500 倍液、50% 多菌灵可湿性粉剂 800 ~ 1 000 倍液、25% 吡唑醚菌酯乳油 1 000 ~ 1500 倍液、10% 苯醚甲环唑水分散粒剂 800 倍液、75% 百菌清可湿性粉剂 500 ~ 700 倍液、70% 甲基硫菌灵可湿性粉剂 1000 倍液等。

7. 柑橘煤烟病

【为害症状】主要发生在叶片、枝梢或果实表面，初出现暗褐色点状小霉斑，后继续扩大呈绒毛状的黑色霉层，似黏附着一层烟煤，后期霉层上散生许多黑色小点或刚毛状突起物（图 7-25）。

【发生规律】病原为真菌，超过 30 多种，主要有柑橘煤炱、巴特勒小煤炱、刺盾炱，其中柑橘煤炱为寄生菌，其他均为植物表面腐生菌，病菌以菌丝体、子囊壳和分生孢子器等在病部越冬。翌年孢子借风雨传播。此病多发

图 7-25　柑橘煤烟病

生于春、夏、秋季，其中以5～6月为发病高峰。蚜虫、介壳虫及粉虱等害虫发生严重的柑橘园，煤烟病发生也重。种植过密，通风不良或管理粗放的果园发生严重。

【防治方法】

（1）保持果园通风透光　适当稀植，注重修剪，剪除交叉、荫蔽枝，减轻发病。

（2）防治蚜虫、介壳虫及粉虱等害虫　是防治该病的关键。

（3）喷机油乳剂　在发病初期和冬季清园时可喷99%绿颖机油乳剂200倍液防治，连续喷两次，两次间隔一周效果较好。

8.柑橘树脂病

【为害症状】

（1）流胶和干枯　枝干被害，初期皮层组织松软，有裂纹，接着渗出褐色的胶液（图7-26），并有类似酒糟的气味。高温干燥情况下，病部逐渐干枯、下陷，皮层开裂剥落，疤痕四周隆起。木质部受侵染后变成浅灰褐色，并在病健交界处有1条黄褐色或黑褐色痕带。病部可见许多黑色小粒点。

（2）黑点和沙皮　病菌侵染叶片和未成熟的果实，在病部表面产生许多散生或密集成片的黑褐色的硬胶质小粒点，表面粗糙，略隆起，像黏附着许多细沙（7-27）。

图7-27　沙皮病

图7-26　淹水后诱发树脂病

【病原菌及传播】病原菌为柑橘间座壳菌。病菌以菌丝体和分生孢子器在树干病部及枯枝上越冬，开春温度升高后，产生大量分生孢子器或子囊壳，分生孢子或子囊孢子成熟后，遇潮湿（降雨）时释放，经风雨、昆虫传播。病原菌寄生力较弱，因此必须在寄主生长不良或有伤口时才能侵入。

【防治方法】

（1）加强栽培管理，避免树体受伤　采果后尽快施肥恢复树势；刷白树干和培土，以提高树体的抗冻能力；及时剪除病虫枝并烧毁。

（2）病树刮治　对已发病的树，应彻底刮除病组织或纵刻病部涂药，每周1次，连续使用3～4次。药剂有70%甲基硫菌灵可湿性粉剂200倍液、50%多菌灵可湿性粉剂100液等。

（3）喷药保护　谢花2/3开始至幼果期每15～20天喷药1次，连喷3～4次，药剂有80%代森锰锌可湿性粉剂600倍液、25%嘧菌酯悬浮剂1 000～1 500倍液、80%克菌丹水分散粒剂1 000～1 500倍液。

9.柑橘流胶病

【为害症状】主要发生在主干上，其次为主枝，小枝上也会发生。病斑不定形，病部皮层变褐色，水渍状，并开裂和流胶（图7-28）。病树果实小，提前转黄，味酸。以高温多雨的季节发病重。

【发生规律】造成柑橘流胶病的病菌有 *Phytophthora* sp.、*Fusarium* sp.、*Diplodia* sp.。病菌

图7-28　柑橘流胶病

在枯枝上越冬，分生孢子器是翌年初次侵染的主要来源。翌年春季，环境适宜时，特别是多雨潮湿时，枯枝上的越冬病菌开始大量繁殖，借风、雨、露水和昆虫等传播。6～10月发生较多。本

病原菌是一种弱寄生菌，病原菌容易侵入生长衰弱或受伤的柑橘树。因此，柑橘树遭受冻害造成的冻伤和其他伤口，是本病发生流行的首要条件。如上年低温使树干冻伤，往往翌年温湿度适合时病害就可能大量发生。此外，多雨季节也常常造成此病大发生。不良的栽培管理，特别是肥料不足或施用不及时，偏施氮肥，土壤保水性或排水性差，各种病虫为害等造成树势衰弱，都容易导致此病的发生。

【防治方法】

（1）综合治理　注意开沟排水，改善果园生态条件，夏季进行地面覆盖，冬夏进行树干涂白，加强对蛀干害虫的防治。

（2）在病部采取浅刮深刻的方法　即将病部的粗皮刮去，再纵切裂口数条，深达木质部，然后涂以50%多菌灵可湿性粉剂100～200倍液或25%瑞毒霉可湿性粉剂400倍液。

10．柑橘黑星病

【为害症状】柑橘黑星病又名柑橘黑斑病，柑橘枝梢、叶片及果实均可受害，以果实受害最严重。通常果实黑星病表现有两种类型：黑斑型和黑星型，在金柑果实上主要表现为黑星型。

（1）黑斑型　果面上初生淡黄或橙色的斑点，后扩大成为圆形或不规则的黑色大病斑，直径1～3厘米，中部稍凹陷，散生许多黑色小粒点。严重时很多病斑相互联合，甚至扩大到整个果面（图7-29）。

图7-29　柑橘黑星病果

（2）黑星型　在将近成熟的果面上初生红褐色小斑点，后扩大为圆形的红褐色病斑，直径1～5毫米。后期病斑边缘略隆起，呈红褐色至黑色，中部灰褐色，略凹陷。贮运期间继续发展，湿度大时可引起腐烂。叶片上的病斑与果实上的相似（图7-30）。

【发生规律】有性阶段属子囊菌亚门，常见的是无性阶段，属半知菌亚门。病菌主要以子囊果和分生孢子器在病叶和病果上越冬。翌年春季散出子囊孢子和分生孢子，通过风雨和昆虫传播，在幼果和嫩叶上萌发产生芽管进行侵染。对果实

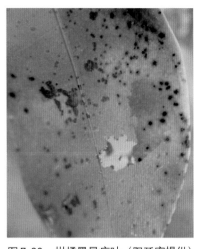

图7-30　柑橘黑星病叶（阳廷蜜提供）

的侵染主要发生在谢花期至落花后一个半月内，到果实近成熟时病菌迅速生长扩展，出现病斑，产生分生孢子，进行重复侵染。高温多湿、晴雨相间或栽培管理不善、遭受冻害、果实采收过迟等造成树势衰弱以及机械损伤等均有利于发病。

【防治方法】

（1）加强管理　采用配方施肥技术，调节氮、磷、钾比例；低洼积水地注意排水；修剪时，去除过密枝叶，增强树体通透性，提高抗病力；清除初侵染源，秋末冬初结合修剪，剪除病枝、病叶，并清除地上落叶、落果集中销毁。同时喷洒0.8～1.0波美度石硫合剂，铲除初侵染源。

（2）药剂防治　柑橘落花后开始喷洒80％乙蒜素1 500～2 000倍液或80％大生M-45可湿性粉剂600倍液、25％嘧菌酯悬浮剂1 000倍液、25％吡唑醚菌酯乳油1 000～1 500倍液、10％苯醚甲环唑水分散粒剂800倍液、70％甲基硫菌灵可湿性粉剂500倍液等，间隔15天喷1次，连喷3～4次。

11. 柑橘脚腐病

【为害症状】主要为害主干，当病部环绕主干时，叶片黄化，

枝条干枯，以至植株死亡。主要症状发生在根颈部皮层，向下为害根，引起主根、侧根乃至须根腐烂，向上发展达20厘米，使树干基部腐烂。幼树栽植过深时，从嫁接口处开始发病，病部呈不规则水渍状，黄褐色至黑色，有酒糟味，常流出褐色胶液。被害部相对应的地上部叶小，主、侧脉深黄色易脱落，形成秃枝，干枯。病树花特多，果实早落，残留果实小，着色早、味酸（图7-31）。

图7-31　柑橘脚腐病状

【发生规律】病原为柑橘褐腐疫霉和烟草疫霉，以菌丝在病部越冬，也可以菌丝或卵孢子随病残体遗留在土壤中越冬。靠雨水传播，从植株根颈侵入。病害的发生与品种、气候、栽培管理关系密切。橙类、金柑发病较重。4月中旬开始发病，6～8月气温20～30℃、湿度85%以上时发病多，10月停止发病，幼年树很少发病，15年以上的实生金柑发病多。在土壤黏重、排水不良、长期积水、土壤持水量过高时发病重，土壤干湿度变化大的果园、栽植过密或间作高秆作物、橘园郁蔽湿度大的发病较重，由冻害、虫害或农事操作引起伤口的易于被该病侵染。

【防治方法】

（1）利用抗病砧木　以枳壳最抗病，红橘、构头橙、酸橘和香橙次之，用抗病砧木育苗时应当提高嫁接口的位置。定植时须浅栽，使抗病砧木的根颈部露出地面，以减少发病。

（2）合理计划密植　中后期要及时间伐，以利通风透光，降低湿度，减少发病。

（3）改善和加强果园栽培管理　改良土壤，及时排水，防止积水，禁种高秆作物，降低果园湿度，重视天牛、吉丁虫的防治，以减少伤口；将种植过深的树主干基部的泥土扒开，让嫁接口全部露出地面，对发病较重的树，根据具体情况进行修剪，将病枝、弱枝、未成熟的枝条剪去，减少枝叶量，减少蒸腾量。

（4）靠接换砧　已定植的感病砧木植株于3～5月在主干上靠接3～4株抗病砧木。轻病树和健康树可预防病害发生；重病树靠接粗大的砧木，使养分输送正常和起到增根的效果。

（5）药剂防治　每年的3～5月逐株检查，发现病树，先用刀刮去病部皮层，再纵刻病部深达木质部，间隔0.5厘米宽，并超过病斑1～2厘米，再用25%瑞毒霉400～600倍液、65%山多酚400～600倍液、2%～3%硫酸铜200倍液、70%甲基硫菌灵可湿性粉剂200倍液、1∶1∶10波尔多液等涂抹病部，15～20天1次，连续2～3次。

12. 柑橘根结线虫病

大多数柑橘品种都可罹病，被害植株形成根结，并最终导致病根坏死，树势逐渐衰退，甚至全株凋萎枯死。

【为害症状】线虫侵入须根，使根组织过度生长，形成大大小小的虫瘿根瘤状的根结（图7-32）。新生根瘤乳白色，后变为黄褐色至黑褐色，受害小根扭曲、短缩，严重时根系盘结成须根团。最后，病根坏死，老根瘤腐烂（图7-33）。受害轻的成年植株树冠部分无明显症状；受害重者，叶片失去光泽并黄化，开花多，坐果少，冬季落叶严重，树势逐渐衰退，数年后可致全株死亡。

图7-32　柑橘根结线虫病病根症状（全金成提供）　　图7-33　柑橘线虫为害导致根系变黑腐烂（唐仙寿提供）

【发病规律】本病由根结线虫引起。病原线虫以卵及雌成虫越冬，由病苗、病根和带有线虫的土壤、水流以及被污染的农具传播。在条件适宜时，卵在卵囊内发育成为一龄幼虫，蜕一次皮后成为二龄侵染幼虫，侵入嫩根为害，使根尖形成不规则的根瘤。幼虫则在根瘤内生长发育，再经3次蜕皮发育成为成虫。雌雄成虫成熟后再交尾产卵，卵聚集在雌虫后端的胶质卵囊中，卵囊一端露在根外。

【防治方法】

（1）实施检疫　严禁从病区调运苗木。

（2）病苗移栽处理　可在移栽前用48℃热水浸根15分钟，或用3%阿维·噻唑磷（根线清）水乳剂1 000倍液蘸根。

（3）感病果园药剂防治　可每年分别在春梢萌芽前和放秋梢前用10亿孢子/克淡紫拟青霉菌肥（紫砂）3 ~ 5千克/亩拌细土或肥料撒施树盘，然后覆土灌水；或用3%阿维·噻唑磷（根线清）水乳剂1 000 ~ 1 500倍液树盘泼浇，用水量15 ~ 25千克/株（以浇透树盘5 ~ 10厘米土壤为宜）；也可用1.5%阿维菌素颗粒剂150 ~ 200克/株在树盘内开浅沟施后盖土。

13.柑橘附生性绿球藻

柑橘附生性绿球藻，又称柑橘青苔，由绿藻门虚幻球藻属虚幻球藻引起。该病已成为广西柑橘园中的主要病害之一，其为害程度正逐年加重，以春秋两季发生最多。

【为害症状】发病初期，叶片和果实上出现黄绿色小点，以后逐渐向四周扩展，形成不规则斑块并相互愈合，覆盖全叶（图7-34）和整个果实，严重影响叶片光合作用；果实感染时，果实大小和果形无明显影响，但对果实的色泽、外观和内在品质有显著影响。

【发生规律】该病藻以孢子体形态

图7-34　柑橘附生绿球藻叶片症状

在树体各个器官及果园周围其他树体上越夏、越冬，当环境条件适宜时，孢子体进行无性繁殖，借风、雨、昆虫等传播；寄主广，寄生部位多，在桂北地区每年3～5月和9～11月发病严重。果园管理粗放，通风、透光差，树体枝叶交叉、遮阴严重时，发病重。此外，该病的发生还与空气湿度密切相关，当空气湿度大于80%时，发病严重。青苔近年来大量发生，估计与大量使用叶面肥尤其是有机叶面肥有关系。

【防治方法】

（1）加强果园栽培管理　及时清除病株的枯枝、落叶和落果；适时搞好排水、松土、除草，增加土壤通透性，降低果园湿度；合理修剪，改善通风透光条件，减少病原物寄生。

（2）药剂防治　柑橘生长季喷施20%壬菌铜、25%三唑酮等杀菌剂有一定防治作用，防治效果为50%～70%。80%乙蒜素（清苔虎）乳油1 000～1 500倍液防治效果为90%～100%。

（3）清园　在青苔发生严重的果园，可在每年采果后用45%代森铵水剂300倍液清园一次，翌年柑橘萌芽前再用同样药剂清园一次，可有效控制青苔为害，但必须注意：45%代森铵水剂300倍液对嫩芽嫩梢、成熟期果实有药害，故需在采果后萌芽前使用。

14.柑橘裂果症

在我国，几乎所有柑橘品种的果实都会出现裂果现象。

【症状】裂果发生的类型分为外裂、内裂、皱皮裂3种。

（1）果实内裂　机理是由于种子高度败育，高度败育的种子不能产生赤霉素，而果皮中赤霉素浓度较高导致其与囊瓣生长速度不一，使果中轴先裂，造成果实内裂。

（2）果实外裂　机理是由于在细胞膨大期和果实成熟期，连续干旱后遇暴雨、大雾导致长期受干旱胁迫的果实突发性猛长，果肉增大的速度远远大于果皮生长的速度，于是外果皮被撑开破裂（图7-35）。

（3）果实皱皮　机理是由于果实发育前期（细胞分裂期和细

胞膨大期）水分和树体营养供应失调等，中果皮发育部分受损，潜在的缺陷导致其成熟期易形成皱皮果，严重时中果皮细胞先产生裂隙，果面上呈现不规则的凹沟，随着白皮层的逐渐扩大，外果皮断裂，形成明显的裂口（图7-36）。

图7-35　沙糖橘因水分失调严重裂果

图7-36　沙糖橘内果皮开裂导致外果皮皱缩

【发病规律】

（1）无核或少核品种易裂果，如贡柑、沙糖橘、南丰蜜橘、脐橙、温州蜜柑、红江橙等。

（2）栽培措施不当易裂果，如修剪不当、挂果太多等，致使树势过强或过弱，树体营养失调，造成裂果。

（3）缺素易裂果，如缺钙、硼等，缺钙导致裂果是由于低水平的钙不足以维持细胞膜结构的稳定性和细胞壁的弹性，但缺硼则影响钙的吸收和转运，故我国南方往往是先缺硼而后缺钙。

（4）用于防裂果的钙肥非有机钙、吸收差、不含硼元素、效果差。

（5）果园土壤水分管理不善，过干或过湿易裂果。

【防治方法】

（1）**施足基肥**　商品有机肥或生物有机肥2 500 ～ 5 000千克/

亩+钙镁磷肥100 ～ 150千克/亩+石灰100 ～ 150千克/亩+硼肥500 ～ 1 000克/亩；或用商品有机肥或生物有机肥0.5 ～ 2千克/株+钙镁磷肥100 ～ 150千克/亩+硼肥10 ～ 15克/株，效果更好。

（2）用好赤霉素及硼肥 3 ～ 6月保花保果期使用九二〇、优质硼肥、优质高钾叶面肥等保果2 ～ 3次。

（3）用好钙肥 5 ～ 7月幼果膨大期，叶面喷施绿芬威果多钙800 ～ 1 000倍液+绿芬威花果保800 ～ 1 000倍液4 ～ 6次，每次间隔10 ～ 15天。

（4）均衡供应水分 果园干旱要及时灌溉、大雨后要及时排水，保持土壤湿润，水分均衡供应。

（5）果园生草或覆盖 果园生草或覆盖可以增加果园的有机质，改善果园微生态环境，提高果园对土壤养分和水分的保蓄能力，使其不致于因干旱而过多缺水，减轻因雨后细胞大量吸水引起细胞迅速膨胀而发生裂果。

（6）加强栽培管理 如加强树体修剪、增加树冠内膛的光照；保持合理的叶果比，疏除多余的劣质果，维持良好的营养生长和生殖生长平衡，可显著减少裂果。

二、主要害虫（害螨）防治

1.柑橘红蜘蛛

柑橘红蜘蛛又称柑橘全爪螨、瘤皮红蜘蛛、柑橘红叶螨等（图7-37）。

【为害症状】红蜘蛛可为害叶片、果实及新梢，以刺吸转绿的新梢叶片较严重，吸食叶片后，叶片呈花点失绿，无光泽，呈灰白色，严重时造成落叶、影响树势及产量。果实受害严重时果皮灰白色（图7-38），失去光泽，不耐贮藏。春季为害严重，夏季如高温多雨，对红蜘蛛的生存、繁殖不利，发生较轻；而秋冬季如遇温暖干旱，则为害非常严重。

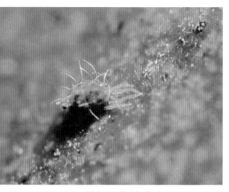

图7-37　柑橘红蜘蛛成虫

图7-38　红蜘蛛为害果实症状

【发生规律】柑橘全爪螨在华南大部分橘区发生18 ～ 24代，世代重叠；主要以卵和成螨在沙糖橘叶背和枝条裂缝中，特别是在潜叶蛾为害的僵叶上越冬。秋梢上的越冬密度常比夏、春梢上的大数倍；冬季温暖地区无明显越冬休眠现象。早春和初秋只在个别树上数量较多，形成中心螨株。在成年沙糖橘园，2 ～ 7月为始发期，3 ～ 6月为高峰期，开花前后常造成大量落叶，7 ～ 8月高温季节数量很少；部分橘区在9 ～ 11月发生亦多，有的年份在秋末和冬季大发生，造成大量落叶和成熟果实严重被害。以化学防治为主的橘园，由于失去钝绥螨等多种有效天敌的控制作用，其发生为害高峰期长达10个月。

【防治方法】

（1）生物防治　培养天敌。红蜘蛛的天敌很多，如六点蓟马、捕食螨等捕食性昆虫，还有芽枝霉菌等致病真菌等。在果园内选择种植白花草、牧草或保留其他非恶性杂草，可调节果园小气候，提供充足的害虫天敌食料，有利于天敌的活动。

（2）化学防治　冬季清园及春季及时用药是全年防治红蜘蛛的关键。在采果后至春芽萌发前，先用自制的1.0波美度石硫合剂喷药清园一次，再在修剪病虫枝之后喷一次。也可选用99%绿颖机油乳剂150 ～ 200倍液、99%绿颖机油乳剂200倍加73%炔螨特乳油2 000倍液，连喷两次。在春季开花、幼果期可用5%尼索朗乳油1 000 ～ 1 500倍液、24%螺螨酯悬浮剂1 500 ～ 2 000倍液、20%哒螨灵可湿性粉剂2 000倍液、1.8%阿维菌素乳油1 500 ～ 2 000倍液等。其他生长季节可用：73%克螨特乳油1 500 ～ 2 000倍液、34%螺螨酯悬浮剂3 000 ～ 4 000倍液、99%绿颖机油乳剂150 ～ 200倍液、43%联苯肼酯悬浮剂2 000 ～ 2 500倍液、20%乙螨唑可湿性粉剂4 000 ～ 4 500倍液、20%三唑锡悬浮剂1 000 ～ 1 500倍液或25%三唑锡可湿性粉剂1 500倍液（高温、嫩梢期禁用）、5.5%阿维·三唑锡悬浮剂1 500倍液等。花期或气温超过36℃时忌用克螨特类、国产机油乳剂，两者也不能混用，否则易产生药害。

2.柑橘锈蜘蛛（柑橘锈螨）

柑橘锈蜘蛛（柑橘锈螨）通称柑橘锈壁虱（图7-39），又名柑橘锈瘿螨，被害果实俗称黑皮果等。

【为害症状】主要为害叶片和果实，以为害果实较严重。叶片受害后，似缺水状向上卷，叶背呈烟熏状黄色或锈褐色，容易脱落；果实受害后流出油脂，被空气氧化后变成黑褐色，称之为"黑皮果"（图7-40）。6 ～ 9月为为害高峰期，到采果前甚至收果后还会为害。发生早期，果皮似被一层黄色粉状微尘覆盖。虫体

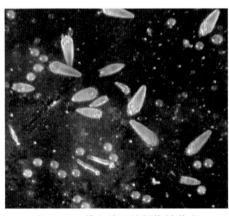

图7-39　放大镜下的锈蜘蛛若虫　　图7-40　锈蜘蛛为害后的果实症状

不易察觉，待出现黑皮果时，即使杀死虫体，果皮也不会恢复。

该螨群集在柑橘绿色部分为害，但主要在果面和叶背刺破表皮细胞，吸食汁液。油胞被破后，所含芳香油溢出经空气氧化后使果皮出现褐色至黑褐色不定形大斑块，以致全果变为污黑至黑色，果皮粗糙无光泽，果小、皮厚、味酸，降低品质和产量。被害叶片背面变为黄褐色至褐色，逐渐枯黄脱落，影响树势和结果。

【发生规律】柑橘锈螨在我国南方橘区可发生24～30代以上，世代重叠。以成螨在沙糖橘腋芽缝隙和害虫卷叶内越冬，常在秋梢叶片上越冬，越冬死亡率很高。翌年3～4月平均温度达15℃左右时开始活动产卵，成螨和幼、若螨均能蠕动爬行，性喜荫蔽，畏阳光直射，常先从树冠内部和下部的叶片及果实上开始为害，逐渐向树冠外部和上部蔓延扩展。果实上先从果蒂周围蔓延到背阴部分，而后遍及全果，当被害果面变成黑褐色至黑色时，则已转移为害。

【防治方法】

(1) 冬季清园　结合清园，修剪病虫枝，防止果园过度荫蔽，选用自制1.0波美度石硫合剂喷药清园。

(2) 加强栽培管理　加强肥水管理，增强树势；注意果园种草提高湿度，有利于天敌的繁殖和生存。已知的天敌有7种，寄生菌汤普森多毛菌效果较好，还有捕食螨、草蛉、蓟马等。

(3) 药剂防治　加强监测预报，在幼果或叶片上发现有2头虫以上时，应立即喷药防治。在桂北地区一般在5月结合防治炭疽病喷一次80%大生M-45可湿性粉剂600～800倍液。

防治锈螨可选用以下其中之一药剂：80%大生M-45可湿性粉剂600～800倍液、20%三唑锡悬浮剂1 000～1 500倍液或25%三唑锡可湿性粉剂1 500倍液（高温、嫩梢期禁用）、73%克螨特乳油2 000～2 500倍液、65%代森锌可湿性粉剂600～800倍液、5.5%阿维·三唑锡悬浮剂1 500倍液、20%呋虫胺悬浮剂2 000～2 500倍液、50%溴螨酯乳油1 000～1 500倍液、5%虱螨脲乳油1 500～2 500倍液、1.8%阿维菌素乳油1 500～2 000倍液等。

3.介壳虫

为害沙糖橘的介壳虫主要种类有：盾蚧科的矢尖蚧、糠片蚧、黑点蚧、褐圆蚧，蜡蚧科的红蜡蚧、多角绵蚧、橘绿绵蚧，硕蚧科的吹绵蚧，粉蚧科的堆蜡粉蚧等。

（1）矢尖蚧　又名矢尖盾蚧、箭头蚧等（图7-41），遍布各柑橘产区。

【为害症状】若虫和雌成虫固着在叶片、果实和嫩梢上吸食汁液，被害处形成黄斑，诱发煤烟病。严重时叶片干枯卷缩，枝条枯死（图7-42），果实变黄，不能充分成熟，果味变酸，严重削弱树势，影响产量和果实品质。

图7-41　矢尖蚧成虫

图7-42　介壳虫为害导致枝叶干枯

【发生规律】矢尖蚧在我国南方温暖地区发生3～4代，世代重叠。越冬雌成虫一般在5月上中旬产卵，第一代若虫在5月中下旬出现，多在老叶上寄生为害，成虫于6月下旬至7月上旬出现；第二代若虫在7月中旬出现，大部分寄生在新叶上，一部分在果实上为害，成虫于8月下旬出现；第三代若虫在9月上中旬出现，成虫于10月下旬出现。一、二龄雌若虫和一龄雄若虫及雄成虫对药

图7-43 褐圆蚧为害叶片（引自
《柑橘病虫害原色图鉴》）

剂敏感。二龄雄若虫有介壳覆盖而不易杀伤，雌成虫抗药力最强。

（2）褐圆蚧

【为害症状】在沙糖橘上，以夏、秋季节发生严重，主要为害叶片和果实。叶片受害后，叶绿素减少，呈淡色斑点，影响光合作用（图7-43）；果实受害后，呈现累累斑点，品质下降。

【发生规律】桂北一年发生4～5代，世代重叠，以雌成虫在枝叶上越冬。每年以夏、秋两季受害最重，主害代一龄若虫始盛期分别在7月中旬和9月上旬。

寄生褐圆蚧的天敌主要是蜂类，约12种，其中以金小蜂、双带巨角跳小蜂最为普遍，寄生率高，对褐圆蚧虫口密度抑制作用显著。

（3）红蜡蚧（图7-44）　红蜡蚧的寄主植物有100多种。

【为害症状】多集中在枝梢、叶片上吸食汁液，其分泌物还会诱发煤烟病。

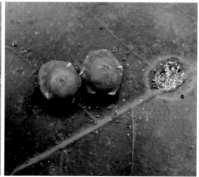

图7-44　红蜡蚧雌虫体、卵与幼蚧（引自《南方果树病虫害原色图鉴》）

【发生规律】每年发生1代，以受精雌虫在寄主植物上越冬。翌年5月下旬到7月上旬为雌虫产卵期，每雌平均产卵300多粒，产卵期可达1个月，卵产于体下，卵期约2天。若虫孵化后便爬离母体，移至新梢，多在受阳光的外侧枝梢寄生，树冠内部枝叶较少。若虫定居取食后便开始不断分泌蜡质，随着虫体的长大，分泌的蜡质物也逐渐增厚。

图7-45　柑橘堆蜡粉蚧

（4）堆蜡粉蚧（图7-45）　堆蜡粉蚧在广西各地均有分布。

【为害症状】主要为害柑橘类果树及林木，取食寄主的嫩枝，造成幼芽畸形、异常抽发，受害果实形成瘤状和脱落。

【发生规律】雌虫在广西一年发生5～6代，世代重叠，以成虫和若虫在寄主枝条上、枝条裂缝、卷叶内或蚂蚁巢内越冬。在桂南以4～5月和11月虫口密度最大，分别为害春梢、幼果、夏梢和秋梢。若虫常群集于果蒂处吸食汁液。果柄、叶柄上亦有若虫群集为害。一般情况下雄虫极少，基本行孤雌生殖。雌虫产卵于白色蜡质绵状卵囊中，每雌产卵约200～500粒。若虫孵化后经3次蜕皮成雌成虫；雄虫则经4次蜕皮变为成虫。

天敌主要有：台湾小瓢虫、孟氏隐唇瓢虫和草蛉及多种小蜂等，这些天敌对堆蜡粉蚧的发生数量都有一定的抑制作用。

（5）吹绵蚧（图7-46）　吹绵蚧在我国各柑橘产区均有分布，寄主有柑橘、台湾相思、茄子、豆类等250种。

【为害症状】若虫和雌成虫群集在柑橘等植物的枝干、叶片和果实上为害，吸收汁液，使叶黄枝枯，引起落叶、落果，甚至全株枯死。并能排泄大量蜜露，诱发煤烟病，影响光合作用。

【发生规律】吹绵蚧第一代卵和若虫盛期在4月下旬到6月，第2代7月下旬到9月初，第3代在9～11月，其中以1、2代即4～7月发生严重。

第一、二龄若虫多寄生在叶背主脉附近，吸食汁液，排泄蜜露，每蜕一次皮，迁移1次，二龄后迁移分散至大枝、树干和果梗等阴暗处群集为害。雌成虫老熟后固定取食，不再移动，并分泌白色棉絮状蜡质形成卵

图7-46　柑橘吹绵蚧

囊产卵于其中。吹绵蚧适宜于温暖高湿的气候条件。吹绵蚧虫体小，主要借助风力或随苗木接穗和农事活动等途径传播。

吹绵蚧的天敌主要有：澳洲瓢虫、大红瓢虫、小红瓢虫和红缘瓢虫。以澳洲瓢虫和大红瓢虫对吹绵蚧的控制作用较强，在生产中已广泛应用。

(6) 糠片蚧　又名糠片盾蚧(图7-47)。分布普遍、寄主很多，以沙糖橘、茶树等受害重。

【为害症状】沙糖橘枝叶、果实和苗木主干均可受害，形成黄斑或枯黄干缩，造成枝叶和苗木枯死。

【发生规律】糠片蚧在南方一年发生3～4代，世代重叠，主要以雌成虫和卵在沙糖橘枝叶和苗木主干上越冬。5月下旬至6月上旬，7月下旬

图7-47　柑橘糠片蚧

至8月上旬和9月上中旬为全年初孵若虫3个相对高峰期，7月下旬至10月是发生量最大的时期，其中以9月为全年最高峰，9月以后则逐月下降。各代产卵雌成虫的发生高峰期比下一代初孵若虫高峰期约早10天左右出现，这一相关性可作为预报发生和指导防治

的依据。一般成年树较幼树发生严重。

柑橘介壳虫类的天敌，我国发现有10多种瓢虫，例如澳洲瓢虫、大红瓢虫、红点唇瓢虫、细缘唇瓢虫；40多种寄生蜂，如盾蚧长缨蚜小蜂、黄金蚜小蜂和岭南黄金蚜小蜂等，草蛉、日本方头甲和多种寄生菌如红霉菌等。对蚧类有一定的抑制作用。

【防治方法】根据蚧类的生活习性、发生为害特点和扩散为害规律，在防治上可采取以下措施：

(1) 注意加强苗木、接穗的检疫和消毒 蚧类害虫因个体小，其传播靠风和人为因素进行远距离传播，主要是通过苗木传播。在苗木调运时，一旦发现蚧类害虫就要进行消毒处理。一般用磷化铝密闭熏杀，用量：夏季每立方米用20～30克，冬季用30～40克，熏40小时。

(2) 结合冬季修剪和田间管理，剪除虫枝，减少越冬虫源 蚧类害虫春季发生的轻重与越冬的虫口基数有关，越冬虫口基数越大，来年蚧类害虫发生量越大，为害也越重。因此，应于12月上中旬，结合冬季修剪，剪除病虫为害严重的枝叶，减少蚧类及其他害虫的越冬虫源基数，同时清除果园内的枯枝落叶、霉桩、地衣、苔藓等，并集中烧毁。

从9月下旬起，应连续不断抹除晚秋梢，以断绝蚧类及其他害虫的食料，有效地减少蚧类的越冬基数。

(3) 保护和利用天敌 可于4月在果树行间或空地播种紫苏、藿香蓟、大豆、丝瓜等作物，为有益昆虫提供栖息场所及某些食料，加快害虫天敌的繁殖。据江西省经验，在柑橘园套种印度豇豆作夏季绿肥，矢尖蚧大部分转移到印度豇豆上，对柑橘的为害明显减少，以致于不必专门为防治矢尖蚧而喷药。

(4) 药剂防治 防治原则：①要尽量选择内吸性强的药剂，且对蜡质有很强的穿透力或对蜡质有腐蚀作用的药剂。②一定要在若虫出现初期、介壳尚未形成前用药，每隔10～15天喷药1次，连续喷2～3次。

掌握在第一龄幼蚧盛期喷药；多种介壳虫第一代初龄若虫盛期在5月上、中旬前后，隔10天后再喷一次，或在二龄高峰期喷药。在冬春一般使用松脂合剂10～15倍液、97%矿物油乳剂（希翠）150～200倍液；在生长季，可用97%矿物油增效助剂（百农乐）250～300倍液+20%呋虫胺悬浮剂2 500～3 000倍液，或25%噻虫嗪干悬浮剂2 500～3 000倍液、22.4%螺虫乙酯悬浮剂4 000～5 000倍液等喷雾防治。

4.柑橘潜叶蛾

【为害症状】柑橘潜叶蛾又称橘叶潜蛾，俗称绘图虫等。遍布柑橘产区，是沙糖橘嫩梢期的重要害虫。幼虫潜入嫩叶表皮下蛀食（图7-48），虫口密度大时还蛀食嫩梢皮层，形成银白色弯曲蛀道，俗称"鬼画符"（图7-49）。

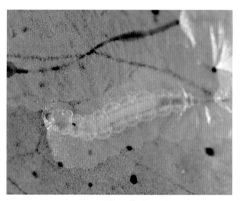

图7-48　柑橘潜叶蛾幼虫　　　　图7-49　潜叶蛾为害叶片症状

【发生规律】柑橘潜叶蛾在多数橘区每年发生9～10代，世代重叠，多数以蛹在叶缘卷褶内、少数以成熟幼虫在蛀道中越冬。通常在翌年4～5月间幼虫开始为害春梢，一般受害轻；以6～9月夏、秋梢抽发盛期为害最严重，尤其是在8月下旬至9月下旬虫口密度最大。在华南柑橘区，1～2月幼虫开始为害，3～4月为害春梢，6～7月为害夏梢，9～10月为害秋梢。

【防治方法】

（1）抹芽控梢　抹除零星抽发的夏梢和秋梢，统一放梢。放梢前半个月，加强肥水管理，使抽梢整齐，可缩短为害期。

（2）药剂防治　幼虫孵化初盛期是防治适期。在新梢抽发0.5～1.0厘米长时开始用药，连续喷药2～3次，每次间隔7～10天。有效药剂有10%吡虫啉可湿性粉剂1 500～2 000倍液、1.8%阿维菌素乳油1 000～1 500倍液、25%噻虫嗪水分散剂1 500倍液、20%呋虫胺悬浮剂2 500～3 000倍液、10亿PIB/毫升多角体病毒（康保）悬浮剂700～1 000倍液、2.5%氟氯氰菊酯1 500～2 000倍液等。

（3）保护和利用天敌　主要有寄生蜂和草蛉等。

5.天牛类

【种类及为害】

（1）柑橘褐天牛　又称褐天牛，俗称黑牯牛、老木虫、蛀木虫等（图7-50）。主要为害柑橘类果树。幼虫蛀害主干和主枝，一般在距地面30厘米以上的主干和主枝内蛀害，造成纵横蛀道和孔洞，使树势衰弱，甚至整枝或整株枯死。

（2）星天牛　俗称花牯牛、盘根虫、围头虫等（图7-51）。幼

图7-51　星天牛成虫

图7-50　褐天牛成虫

虫在树干根颈部和根部蛀食皮层和木质部，阻碍养分和水分的输送，常易造成幼年果园死树毁园。

【发生规律】

(1) 柑橘褐天牛　在南方橘区一般两年完成1代，少数三年1代，以成虫、当年生幼虫和二年生幼虫在树干蛀道内越冬。4~9月均有成虫外出活动和产卵，以4~6月外出活动最多，5~9月产卵，幼虫多在5~7月间孵化。卵产在主干分杈处最多。初龄幼虫在树皮下横向蛀食10~20天后蛀入木质部，树皮表面有黄色胶液流出。在木质部先横向蛀食3厘米左右，再向上蛀食，如遇坚硬木质或老蛀道，便改变方向，因而造成若干岔道。蛀道每隔一定距离向外开一气孔，与外界相通，夜晚幼虫爬至气孔处呼吸新鲜空气，并由气孔排出锯木屑状虫粪散落地面。

(2) 星天牛　在南方一年发生1代，以幼虫在树干基部或主根内越冬。多数地区在翌年4月化蛹，4月下旬至5月上旬成虫外出活动，5~6月为活动盛期，至8月下旬仍有成虫在外活动。5月至8月上旬产卵，6~7月孵化为幼虫。成虫羽化后在蛹室内停留5~8天才出洞，飞至树冠枝梢上，咬食嫩枝皮层，或食叶成缺刻。卵产在直径6~7厘米以上的树干基部，以树干距地面3~6厘米范围内产卵最多。幼虫孵化后在树干皮层向下蛀食，树皮上有白色泡沫状胶液流出。在皮层向下蛀至地面以下时，再向树干周围皮层迂回蛀食，常因数头幼虫环绕树干皮下蛀食成一圈，可使整枝枯死。

【防治方法】

(1) 捕捉成虫　成虫羽化盛期，人工捕杀。

(2) 刮杀卵和幼虫　根据产卵处症状，用利刀刮杀卵及皮下幼虫。

(3) 钩杀幼虫　8~9月间根据天牛排出的虫粪，确定虫龄大小和有无虫及虫态后，先将虫粪扒开，然后用铁丝钩杀。

(4) 防止成虫产卵　在成虫产卵前用石灰10千克、硫黄粉1千克、水10千克混成糊状，涂刷在离地面150厘米以下的主干，可以防止星天牛和褐天牛成虫产卵。

（5）**药剂防治**　用脱脂棉蘸以5～10倍液80%敌敌畏或50%乐果乳油，塞入虫道内，并用泥土封口，消灭虫道内幼虫。

（6）**涂白**　对于在树干基部产卵为害的天牛，如星天牛，可在树干基部涂白来阻止星天牛产卵。各成分配比为：石灰10千克+硫黄1千克+盐10克+水20～40千克。

6.柑橘木虱

【为害症状】柑橘木虱主要为害芸香科植物，包括柑橘属、金橘属和枳属在内的柑橘类果树，以及九里香、黄皮等。以刺吸式口器刺入叶片和嫩芽吸取汁液，成虫集中在嫩叶上为害（图7-52），若虫则群集于嫩梢幼叶和新芽上为害（图7-53），使叶片扭曲畸形，严重时使新芽凋萎枯死，同时排出白色蜡丝状排泄物，沾湿枝叶，诱发煤烟病。

图7-52　柑橘木虱成虫为害嫩叶

图7-53　嫩芽上的木虱若虫
　　　　（张素英提供）

【发生规律】柑橘木虱一年发生7～14代，在桂林一年发生7～8代。主要以成虫在寄主植物的叶背处群集越冬，于翌年3月

上、中旬开始活动、交尾和产卵。第1代发生于3月中旬至5月上旬，末代发生于10月上、中旬到11月下旬或12月上旬。成虫喜在叶片背面叶脉上和嫩芽上栖息和为害，其头部贴近植株，腹部翘起。虫体与栖息处呈45°角（图7-54）。成虫将卵产于嫩芽或幼嫩叶片上，若无嫩芽或嫩叶，则一般不产卵。

图7-54　柑橘木虱成虫的姿态

柑橘木虱是黄龙病的媒介昆虫，黄龙病的发生流行与柑橘木虱的发生关系密切，在有木虱的地方，黄龙病发生尤为严重。在无病植株繁殖的木虱成虫，经在病树上吸毒20～30天以上就能传病。木虱传染病源后，病症出现时间最快5个多月，最慢的达2年之久，一般为8个多月。

【防治方法】

（1）农业防治　加强水肥管理，使新梢抽发整齐，嫩叶转绿快，减轻木虱的为害；冬季清园，减少越冬虫源；摘除零星新梢，控制冬梢，缩短嫩梢期；在黄龙病区，及时砍除病树，减少木虱的发生和毒源。

（2）药剂防治　砍伐病树前喷药1次，每次嫩梢抽发期喷药2～3次。药剂可选用20%哒虱威乳油1 000倍液、20%甲氰菊酯乳油1 000倍液、4.5%高效氯氰菊酯乳油1 000倍液、25%噻虫嗪水分散粒剂1 500倍液、2.5%联苯菊酯乳油1 000～1 500倍、20%呋虫胺悬浮剂2 500～3 000倍液、2.5%氟氯氰菊酯乳油1 500～2 000倍液、20%吡虫啉可湿性粉剂3 000～3 500倍液、48%毒死蜱乳油1 000～2 000倍液等。

7.粉虱类

【为害症状】

（1）柑橘粉虱　柑橘粉虱又称白粉虱，广泛分布于我国各柑橘产区。主要以各代若虫为害春、夏、秋梢嫩叶。以若虫固定在一、二年生叶背上吸食，导致枝条短而纤弱，叶片因若虫排泄蜜露而诱发煤烟病。

（2）黑刺粉虱　是粉虱类中发生最普遍，为害最严重的一种。广西各地均有发生。主要以幼虫群集在叶片背面吸吮汁液，被害处形成黄斑，并分泌蜜露，诱发煤烟病，导致枝叶发黑、枯死脱落，影响树势和产量。

【发生规律】

（1）柑橘粉虱（图7-55）　柑橘粉虱以高龄幼虫及少数蛹固定在叶片背面越冬。一年发生代数因气温而异，华南温暖地区一年发生5～6代，各代若虫分别寄生在春、夏、秋梢嫩叶的背面为害。卵产于叶背面，每雌成虫产卵125粒左右；有孤雌生殖现象，所生后代均为雄虫。

（2）黑刺粉虱（图7-56）　一年发生4～5代，以二至三龄幼虫在叶背越冬。田间世代重叠。5～6月、6月下旬至7月中旬、8月上旬至9月上旬、10月下旬至11月下旬是各代一至二龄幼虫的

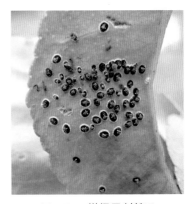

图7-56　柑橘黑刺粉虱

图7-55　柑橘粉虱

盛发期，也是药物防治的最佳时期。成虫多在早晨露水未干时羽化，初羽化时喜荫蔽环境，白天常在树冠内嫩梢上活动，有趋光性，可借风力传播。羽化后 2 ~ 3 天即可交尾产卵，多产在叶背，卵散生或密集呈圆弧形。幼虫孵化后作短距离爬行吸食。蜕皮后将皮留在体背上，一生共蜕皮 3 次，每蜕一次皮均将上一次蜕的皮往上推而留于体背上。

【防治方法】

（1）注重修剪 改善果园通风透光条件。

（2）药剂防治 在一至二龄幼虫盛发期及时用药。药剂可选用 20％啶虫脒水分散粒剂 1 500 倍液、48％毒死蜱乳油 1 000 ~ 1 500 倍液、20％烯啶虫胺 1 500 倍液、25％扑虱灵可湿性粉剂 2 500 倍液、15％吡虫啉可湿性粉剂 5 000 倍液、2.5％敌杀死乳油 2 000 ~ 3 000 倍液、80％敌敌畏乳油 1 000 倍液、1.8％阿维菌素乳油 3 000 倍液、20％丁硫克百威乳油 1 500 ~ 2 000 倍液等。

8. 花蕾蛆

【为害症状】 花蕾蛆别名花蛆。幼虫于花蕾内蛀食（图 7-57），被害花蕾膨大呈灯笼状，花瓣多有绿点，不能开花而脱落（图 7-58）。

图 7-57 花蕾蛆幼虫（放大）
（引自《柑橘病虫害原色图鉴》）

图 7-58 柑橘花蕾蛆为害后的花蕾
（花瓣浅绿色）

【发生规律】每年发生1～2代，均以老熟幼虫进入果园表土内结茧越冬，在树冠周围30厘米内外、6厘米土层内虫口密度最大。花蕾露白时成虫大量出现并产卵于花蕾内，卵期3～4天。幼虫在花蕾内为害10天左右即老熟脱蕾入土结茧化蛹。

【防治方法】

（1）农业防治　冬季深翻或春季浅耕树盘周围土壤有一定效果；及时摘除被害花蕾集中处理。

（2）药剂防治　在3～4月间，成虫出土前和幼虫脱蕾入土前地面喷洒90%晶体敌百虫1 000倍液、50%多杀菌素可湿性粉剂1 000倍液、25%溴氰菊酯乳油3 000～5 000倍液；在现蕾期选用75%灭蝇胺（潜克）可湿性粉剂5 000倍液、90%晶体敌百虫1 000倍液、48%毒死蜱乳油1 500～2 000倍液、50%辛硫磷乳油1 000～1 500倍液、50%多杀菌素可湿性粉剂1 000倍液、5%高效氯氟氰菊酯乳油1 500～2 000倍液、20%氯氰菊酯乳油3 000～5 000倍液喷洒树冠1～2次。

9.实蝇类

（1）柑橘大实蝇　柑橘大实蝇俗称柑蛆，又名橘大食蝇（图7-59）。被害果称蛆果、蛆柑，是国际国内植物检疫性有害生物。

【为害症状】柑橘大实蝇幼虫在果实内部穿食囊瓣，常使果实未熟先黄，黄中带红，腐烂严重。果实完全失

图7-59　柑橘大实蝇成虫

去食用价值，并提早脱落，严重影响产量和品质。

【发生规律】柑橘大实蝇每年发生1代，以蛹在土中越冬。从4月下旬开始羽化，5月上、中旬为羽化盛期，最迟可延至7月上、中旬才羽化为成虫出土。7～9月孵化幼虫，蛀果为害。受害果9

月下旬脱落，10月中下旬最盛，幼虫随果落地，后脱果入土化蛹。成虫多在晴天上午9～12时羽化出土，以雨后初晴气温较高时羽化最盛。成虫喜食糖、蜜等汁液，对糖、酒、醋的混合液亦有趋食性。卵成堆产在幼果囊瓣中心部位。大实蝇成虫可迁飞数百米的距离，少量虫蛹随带土苗木传播，主要通过虫果的人为携带和运输或虫果随江河、沟渠水流而传播。

（2）柑橘小实蝇

【为害症状】成虫（图7-60）产卵于果皮内并在此孵出幼虫（图7-61），幼虫在果实内部穿食囊瓣果肉，造成水果腐烂、落果，严重影响产量和质量。

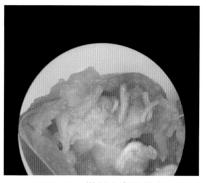

图7-60　柑橘小实蝇成虫　　　　图7-61　柑橘小实蝇幼虫

【发生规律】柑橘小实蝇每年发生3～5代，无严格的越冬现象。世代常不整齐，同期内各种虫态并存，世代重叠明显。当橘园内或附近有番石榴、木瓜、桃、梨等果树时，每年可发生10代。柑橘小实蝇以幼虫随被害果而远距离传播。

【防治方法】

（1）加强检疫　严禁从疫区内调运带虫的果实、种子和带土苗木。

（2）结合栽培管理，进行冬耕灭蛹　在冬季或早春，成虫未羽化前进行翻耕表土层，可增加机械伤亡，或因蛹体位置变化不适于生存而死亡（实蝇蛹羽化前头部向上，如果头部向下则羽化率很低），或翻至土面，被天敌捕食。

（3）在8月下旬至11月，摘除未熟先黄、黄中带红的被害果并捡拾落地果，放入50～60厘米深的坑中，在表面撒一层生石灰后深埋，也可以用石灰水浸泡，杀死果中的卵和幼虫。

（4）**诱杀成虫** ①用性引诱剂（甲基丁香酚+粘虫胶）诱杀雄性成虫。②在6～8月柑橘大实蝇、柑橘小实蝇产卵前期，用甜橙汁、黄酒、醋各一份，砂糖2份，水10份混合，盛于瓦罐中，离罐口上方3厘米处设防雨盖，悬挂在橘园行间，每隔10～20米一个，诱捕器离地约60厘米，每隔半月换一次药液；或在橘园喷施敌百虫800倍液加3%红糖混合液诱杀成虫。③全园适时涂抹聪绿饵剂。ⓐ涂抹时间：要求在8月上旬涂抹第一次、8月中下旬涂第二次，如采果延迟到9月下旬至10月上旬，则需要在9月上中旬涂第三次，每次涂药间隔期15～20天。ⓑ涂抹技术：全园涂抹，每亩涂40个点，每点涂2克，涂在1.5～2.0米高、向上开口约60°的树杈上；涂药时要快速涂抹、不留缝隙，使其与树杈接触紧密，防止脱落。ⓒ注意事项：雨天不宜涂药，药后未干遇雨药剂被冲掉则需补涂。

图7-62　用黄板防治柑橘小实蝇

（5）**药剂防治** 在幼虫脱果入土盛期和成虫羽化盛期地面喷洒50%辛硫磷乳油800～1000倍液、80%敌敌畏乳油1500倍液或50%辛硫磷乳油1000倍液，每隔7～10天喷施1次，连喷2次杀灭成虫；或每亩用辛硫磷颗粒剂2～3千克，拌细土20千克，均匀撒在橘园地面消灭即将出土的成虫。同时，可用黄板挂于田间，诱杀成虫（图7-62）。

10.蚜虫

【为害症状】以若、成虫群集在嫩梢的嫩叶和嫩茎上（图7-63），吸吮汁液，嫩叶受害后呈凹凸不平皱缩、卷曲（图7-64），严重时引起落花、落果，新梢枯死，其分泌蜜露能诱发煤烟病，导致树势衰弱。橘蚜还是田间传播柑橘衰退病的媒介昆虫。

图7-63　蚜虫为害嫩梢

图7-64　橘蚜为害致嫩叶卷曲

【发生规律】年发生世代多，其越冬虫态也因地区而异，在桂林或高海拔气温低的产区以卵在柑橘枝干上越冬，而桂南高温产区，冬季仍可见幼蚜和成虫活动，雌成虫亦可进行孤雌生殖，无明显越冬现象。越冬卵到翌年春孵化为无翅胎生若虫，在新梢、嫩叶、花蕾、花及幼果上为害，生长发育成熟后胎生繁殖后代，当叶片老化、虫口拥挤及气温升高等不良条件下，产生大量有翅胎生雌蚜，迁飞到其他寄主上为害，到了冬季，产生有性雄蚜和有性雌蚜，并进行交尾，卵多产在细枝上并以此卵越冬。生长发育最适温度为24～27℃，故春梢、秋梢和早冬梢上发生最多，受害最重。

【防治方法】

（1）利用天敌　保护利用瓢虫、草蛉、食蚜蝇等自然天敌。

（2）黄板诱杀　有翅成蚜对黄色、橙黄色有较强的趋性，可在果园挂上一定数量的黄板，上涂10号机油等诱杀。

（3）药剂防治　当发现新梢上有少量蚜虫时应及时用药防治。药剂可选用10%吡虫啉（蚜虫净）可湿性粉剂1 500～2 000倍液、5%啶虫脒乳油2 500～3 000倍液、25%噻虫嗪水分散粒剂1 500倍液、50%抗蚜威可湿性粉剂3 000～5 000倍液等。

11.蓟马

蓟马是一种肉眼难以看清的微小害虫，近几年来，蓟马逐年增多，是造成幼果产生疤痕的主要原因之一，严重影响果实外观品质。蓟马已成为花果期重点防控的害虫之一

【为害症状】蓟马以成虫（图7-65，图7-66）、若虫吸食嫩叶、嫩梢和幼果的汁液。嫩叶受害后叶片变薄，中脉两侧出现灰白色条斑或中脉上出现褐色愈合斑，进而扭曲变形（图7-67）似蚜虫为害状，严重影响树势；花受害后，造成开花困难、落花落果；幼果受害时，果皮表皮细胞破裂，逐渐失水干缩，疤痕随果实膨大而扩展，呈现不同形状的木栓化银白色的斑痕（图7-68，图7-69），俗称花皮果，严重影响果实外观品质。

图7-65　蓟马成虫

图7-66　蓟马成虫

图7-67　蓟马为害嫩叶导致
扭曲变形

图7-68　蓟马为害幼果后果皮
形成的疤痕

图7-69　蓟马为害果实状
（全金成提供）

【发生规律】一年发生7～8代，以卵在秋梢新叶组织内越冬。翌年3～4月越冬卵孵化为幼虫，在嫩梢和幼果上取食。田间4～10月均可发生，尤其在开花期、谢花期、幼果期如遇连续几天的阴雨天气，花瓣包裹幼果不能及时脱落时，蓟马为害特别严重。第一、第二代发生较整齐，也是主要的为害世代，以后各代世代重叠明显。幼虫老熟后在地面或树皮缝隙中化蛹。成虫较活跃，在晴天中午活动最盛。当秋季气温降至17℃以下时便停止发育。

【防治方法】

（1）**定期检查** 在花蕾露白期、初花期及谢花后10天内注意加强果园检查，发现最初开花的萼盘内或幼果上有虫时及时用药防治，喷药要均匀周到。发生严重的果园每3～5天用药1次，连用2～3次。

（2）**药剂防治** 蓟马在天气晴朗的上午9时至下午4时非常活跃，在此时段喷药效果更好。选用20%丁硫克百威乳油1 500倍加20%吡虫啉可湿性粉剂3 000～4 000倍液、48%毒死蜱乳油1 000～1 500倍液、20%甲氰菊酯（灭扫利）乳油或2.5%溴氰菊酯乳油2 000～3 000倍液、10%吡虫啉乳油1 500倍液、15%金好年乳油1 000液或20%丁硫克百威（好年冬）乳油1 000～1 500倍液防治可有效预防蓟马暴发为害。

（3）**蓝板诱杀** 开花前在果园悬挂蓝板20～30块/亩诱杀蓟马。

（4）**摇花** 在谢花期后摇花振落花瓣（图7-70），可减轻蓟马为害，减少花斑果。

图7-70 摇花前后对比

12. 蜗牛

蜗牛又名小螺丝、触角螺，属软体动物，我国常见的为害农作物的陆生软体动物之一。

【为害症状】以成螺和幼螺取食柑橘嫩梢、嫩叶和幼果果皮，呈不规则凹陷状（图7-71，图7-72）。

图7-71　同型巴蜗牛　　　　图7-72　同型巴蜗牛为害果实造成损伤

【发生规律】常生活于阴暗潮湿、多腐殖质的环境，适应性极广。一年繁殖1代，多在4～5月间产卵，大多产在根际疏松湿润的土壤、缝隙中或枯叶、石块下。成螺大多蛰伏在作物秸秆堆下或冬作物的土中越冬，幼体也可在冬作物根部土中越冬。

【防治方法】

（1）清洁田园　及时清除柑橘园杂草，及时中耕，排除积水。

（2）捕捉　清晨或阴雨天人工捕捉，集中杀灭，或在蜗牛发生期放鸡鸭啄食。

（3）茶子饼粉防治　每亩用茶子饼粉3千克撒施或用茶子饼粉1～1.5千克加水100千克，浸泡24小时后，取其滤液喷雾。

（4）毒土防治　在蜗牛大量出现又未交配产卵的4月上中旬和大量上树前的5月中下旬，每亩用6%四聚乙醛颗粒剂465～665克或10%多聚乙醛颗粒剂1 000克拌土10～15千克，于晴天撒施在树盘上。

月份	物候期	管理工作要点
1	花芽形态分化期	①预防低温霜冻、冰冻伤果；②分期采收果实；③采果后挖除黄龙病树；④冬季修剪、清园；⑤冬季施肥
2	花芽形态分化期、春梢萌芽、生长	①分期采收果实；②施萌芽肥；③春季修剪；④防治蚜虫、木虱、花蕾蛆、蓟马、黄斑病等
3	花蕾期、春梢转绿期	①叶面追肥1～2次；②采收果实；③采果后挖除黄龙病树；④春季修剪；⑤防治红蜘蛛、木虱、蓟马、蚜虫、黄斑病等；拆除薄膜
4	开花期、生理落果期	①叶面追肥1次；②谢花后喷1～2次20～30毫克/千克的九二〇保果；③防治红蜘蛛、木虱、蓟马、蚜虫、黄斑病、疮痂病、灰霉病等；④施稳果肥；⑤中耕除草
5	生理落果、幼果膨大、夏梢萌芽生长期	①叶面追肥；②喷1次25～40毫克/千克的九二〇保果；③防治红蜘蛛、木虱、锈蜘蛛、介壳虫、粉虱、炭疽病、黄斑病等；④主干或主枝环割保果；⑤控抹夏梢；⑥开沟排水
6	夏梢转绿、生理落果、果实膨大期	①叶面追肥1次；②施壮果肥；③防治红蜘蛛、锈蜘蛛、炭疽病、木虱、天牛、潜叶蛾、粉虱、煤烟病、炭疽病、黄斑病等；④树盘松土；⑤控抹夏梢
7	果实膨大、生理落果、秋梢萌芽生长期	①叶面追肥1次；②施壮果攻梢肥；③防治红蜘蛛、锈蜘蛛、木虱、天牛、潜叶蛾、介壳虫、粉虱、炭疽病、黄斑病、煤烟病等；④夏季深施重肥；⑤夏季修剪；⑥放秋梢

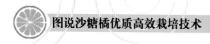

（续）

月份	物候期	管理工作要点
8	秋梢萌发、转绿、果实膨大期	①叶面追肥1次；②树盘覆盖、淋水抗旱；③防治红蜘蛛、锈蜘蛛、木虱、潜叶蛾、黄斑病等；④铲除树盘杂草
9	秋梢转绿、果实膨大期	①叶面追肥1次；②淋施水肥1～2次；③防治红蜘蛛、锈蜘蛛、木虱、蚜虫等；④普查黄龙病，砍伐黄龙病树；⑤防旱
10	果实膨大期、花芽生理分化期	①叶面追肥1次；②施壮果肥1次；③防治红蜘蛛、锈蜘蛛、炭疽病等；④砍伐黄龙病树；⑤防旱
11	果实着色期、花芽生理分化期	①叶面追肥1～2次；②淋施水肥1次；③防治红蜘蛛、果实蝇、吸果夜蛾、木虱、蚜虫等；④预防大风、霜冻；旺树促花
12	果实成熟、花芽形态分化期	①预防低温霜冻、冰冻伤果；②树冠盖膜；③分期采果；④施采果肥；⑤防治红蜘蛛、黄龙病、木虱、蚜虫等；⑥冬季修剪、清园、施肥

附录二

农药稀释方法

1.百分比浓度。百分比浓度（%）=溶质÷溶液×100%。
如0.2%的尿素溶液，即在100千克水中加入0.2千克尿素。

2.倍数浓度。即1份农药加水的份数。

例如50%多菌灵500倍液，即1千克50%的多菌灵药粉加水500千克。

3.百万分比浓度（即ppm浓度。ppm现已禁用。——编者注）。即100万份药液中含药剂有效成分的份数，或每升药液中所含药剂的毫升数或每千克药液中所含药剂的毫克数。生产上常用于稀释植物生长调节剂。具体配制公式如下：

$$配药用水量 = \frac{药剂用量 \times 药剂含量}{配制浓度}$$

如：用5克75%的九二○配制20毫克/千克的溶液，所需的用水量为：

$$配药用水量 = \frac{5克 \times 75\%}{20毫克/1\,000克} = 187\,500克 = 187.5千克$$

不同浓度植物生长调节剂稀释成不同浓度溶液所需用水量详见附表：

1克生长调节剂配制成不同浓度溶液所需用水量

配制浓度（毫克/千克，毫升/升）	用水量（千克）		
	九二〇	2,4-D	
	75%	80%	90%
5	150.00	160.00	180.00
10	75.00	80.00	90.00
15	50.00	53.33	60.00
20	37.50	40.00	45.00
25	30.00	32.00	36.00
30	25.00	26.67	30.00
35	21.43	22.86	25.71
40	18.75	20.00	22.50
50	15.00	16.00	18.00

附录三
禁止使用的农药

项　目	农　药
国家明令禁止使用的农药	甲胺磷、甲基对硫磷、对硫磷、久效磷、磷胺、六六六、滴滴涕、毒杀芬、二溴氯丙烷、杀虫脒、二溴乙烷、除草醚、艾氏剂、狄氏剂、汞制剂、砷类、铅类、敌枯双、氟乙酰胺、甘氟、毒鼠强、氟乙酸钠、毒鼠硅、苯线磷、地虫硫磷、甲基硫环磷、磷化钙、磷化镁、磷化锌、硫线磷、蝇毒磷、治螟磷、特丁硫磷、氯磺隆、福美胂、福美甲胂、胺苯磺隆、甲磺隆单剂或复配制剂产品以及百草枯水剂
其他禁止使用的农药	甲拌磷、甲基异柳磷、内吸磷、克百威、涕灭威、灭线磷、硫环磷、氯唑磷、水胺硫磷、灭多威、氧乐果、三氯杀螨醇、氟虫腈、杀扑磷、溴甲烷、氯化苦

图书在版编目（CIP）数据

图说沙糖橘优质高效栽培技术 ／ 区善汉等编著． —
北京：中国农业出版社，2018.8
（柑橘提质增效生产丛书）
ISBN 978-7-109-23846-6

Ⅰ．①图…　Ⅱ．①区…　Ⅲ．①橘-果树园艺-图解
Ⅳ．①S666.2-64

中国版本图书馆CIP数据核字（2018）第006885号

中国农业出版社出版
（北京市朝阳区农展馆北路2号）
（邮政编码　100125）
责任编辑　张　利　黄　宇

————————————————

北京通州皇家印刷厂印刷　新华书店北京发行所发行
2018年8月第1版　2018年8月北京第1次印刷

开本：880mm×1230mm　1/32　印张：4.75
字数：123千字
定价：38.00元
（凡本版图书出现印刷、装订错误，请向出版社发行部调换）